JN070338

Python <ruby>パイソン<rt></rt></ruby>

で学ぶ

テキスト
マイニング入門

石田基広 著

CR C&R研究所

■権利について

- 本書に記述されている社名・製品名などは、一般に各社の商標または登録商標です。
- 本書では™、©、®は割愛しています。

■本書の内容について

- 本書は著者・編集者が実際に操作した結果を慎重に検討し、著述・編集しています。ただし、本書の記述内容に関わる運用結果にまつわるあらゆる損害・障害につきましては、責任を負いませんのであらかじめご了承ください。
- 本書についての注意事項などを5ページに記載しております。本書をご利用いただく前に必ずお読みください。
- 本書については2022年7月現在の情報を基に記載しています。

■サンプルについて

- 本書で紹介しているサンプルコードは、筆者のGitHubリポジトリからダウンロードすることができます。詳しくは5ページを参照してください。
- サンプルコードの動作などについては、著者・編集者が慎重に確認しております。ただし、サンプルコードの運用結果にまつわるあらゆる損害・障害につきましては、責任を負いませんのであらかじめご了承ください。

●本書の内容についてのお問い合わせについて

　この度はC&R研究所の書籍をお買いあげいただきましてありがとうございます。本書の内容に関するお問い合わせは、「書名」「該当するページ番号」「返信先」を必ず明記の上、C&R研究所のホームページ(https://www.c-r.com/)の右上の「お問い合わせ」をクリックし、専用フォームからお送りいただくか、FAXまたは郵送で次の宛先までお送りください。お電話でのお問い合わせや本書の内容とは直接的に関係のない事柄に関するご質問にはお答えできませんので、あらかじめご了承ください。

〒950-3122 新潟県新潟市北区西名目所4083-6　株式会社 C&R研究所　編集部
FAX 025-258-2801
『Pythonで学ぶ テキストマイニング入門』サポート係

　テキストマイニングとは、テキストをコンピュータで探索（マイニング）する技術の総称です。ここでテキストとは、小説や論文、あるいは新聞や雑誌の記事にとどまらず、インターネット上のブログ、あるいはSNSに投稿された文章など、およそ人間の言葉で書かれたものを指します。話された言葉であっても、それが何らかの形でデジタル化されていれば、テキストマイニングの対象となりえます。

　ネットワークやSNSの普及に伴い、インターネット上には大量のテキストが公開されるようになりました。現在ではテキストのほとんどはコンピューターを使って作成されています。そして、インターネット上には小説やニュース記事、商品のレビューなど、あらゆるテキストが大量に公開されています。テキストマイニングを応用することで、そうした大量のテキストの内容を推測したり、類似度によってグループ化したりすることができようになります。

　一方、データ分析については**R**や**Python**が代表的なプログラミング言語です。いずれもオープンソースとして提供されています。本書では**Python**を利用して、日本語テキストマイニングを実践する方法を解説します。

　テキストマイニングでは、形態素解析という技術によりテキストデータをコンピューターが分析できる形に変換する技術が使われます。変換したデータを、機械学習と総称される技術によって分析します。形態素解析器ではMeCabが最も有名で、おそらくは最も利用されているアプリケーションであり、誰でも無料で自由に使うことができます。ただし、Windows環境においてMeCabをPythonと連携させるのには少し工夫が必要です。

　また、形態素解析器は他にも多数公開されています。本書では基本的にMeCabを形態素解析器として使いますが、文章分割のモジュールとして他にJanomeとGiNZAを紹介します。どちらもPythonがインストールされている環境であれば、Windowsでも比較的簡単に導入できます。読者は、それぞれの環境にあわせ、MeCabあるいはJanome、GiNZAのいずれかで本書のコードを試していただければと考えます。

　これら3つの形態素解析モジュールはそれぞれ使い方が異なりますが、本書では、最初にそれぞれのモジュールの違いを吸収するスクリプトを用意します。これにより、本書で紹介するさまざまテキストマイニング事例を、形態素解析器の違いを意識せずに使えるようになります。

本書では基本的に形態素解析器としてMeCabを利用します。ただし、形態素解析器が異なる場合、文章の解析結果に違いが出るため、MeCab以外のモジュールを使われる場合、読者自身の環境での出力と、本書に掲載する出力とが一致しない場合があります。また、MeCabと比べると他の形態素解析器は実行速度がかなり遅いため、大量のファイルを処理する事例では、解析が終わるまでかなりの時間がかかる場合もあります。

　本書の最後に、ディープラーニングを使ったテキストマイニング事例についても紹介します。コンピュータにグラフィックスカード（GPU）が搭載されていない場合、解析が終了するのに非常に時間がかかります。この場合、クラウド環境でデータ分析を実行できるGoogle Coloboratoryの利用をおすすめします。Google ColaboratoryはGoogleのアカウントさえあれば基本的な機能が無料で使え、GPUを指定しての実行も可能になっています。無料枠の場合スペックに制限はありますが、本書で取り上げるデータを解析するのに不足はないはずです。

2022年7月

石田基広

本書について

執筆環境について

本書の執筆環境は下記の通りです。

- Ubuntu 20.04
- Python 3.8.10

本書ではJupyterによる実行を前提としています。

サンプルコードの中の▼について

本書に記載したサンプルコードは、誌面の都合上、1つのサンプルコードがページをまたがって記載されていることがあります。その場合は▼の記号で、1つのコードであることを表しています。

サンプルコードの折り返しについて

本書に記載したサンプルコードの中には、誌面の都合上、行の途中で折り返して記載されている箇所があります。実際の改行位置については下記からダウンロードすることができるサンプルファイルをご確認ください。

サンプルコードのダウンロードについて

本書で紹介しているコードについては、下記、筆者のGitHubリポジトリに公開しています。ダウンロード方法などについては19ページも参照してください。

URL https://github.com/IshidaMotohiro/python_de_textmining

CONTENTS

■CHAPTER 03

テキストマイニングの準備

■CHAPTER 04

MeCabによる形態素解析と抽出語の選択

■CHAPTER 05

Janome

■CHAPTER 06

spaCyとGiNZA

■CHAPTER 07

Bag of Words(BoW)

■CHAPTER 08

アンケート分析

■CHAPTER 09

テキストの分類

■CHAPTER 10

トピックモデル

■CHAPTER 11

単語分散表現

■ CHAPTER 12

huggingface-transformers(BERT)

■ APPENDIX

青空文庫とGoogle Colaboratoryの利用

CHAPTER 01

データマイニングと
テキストマイニング

本章ではテキストマイニングの概要と応用事例などについて説明します。

テキストマイニングとは

　まえがきで述べたように、**テキストマイニング**は、テキスト（つまり文書）から知見を引き出す（マイニング）する技術です。データ解析の分野にデータマイニングという言葉があります。これは、大量のデータの中から有益な情報を掘り出す（mining）技術あるいはその応用例の総称です。

　同じように、テキストマイニングは大量のテキストから知見をみつけ出すのを支援する技術です。もちろん、文書の内容を理解してまとめるには、その文書を丁寧に読む必要があります。しかし、文章数が多くなると、限られた時間内ですべてを読むのは困難です。たとえば、ある会社で自社製品の評判を知るため、インターネット上のブログ記事を集めて、その内容を分析したいとします。ところが、その製品は人気製品で、非常に多くのブログ記事が存在していたとすると、それをすべて読み、要約するなどの作業は時間も手間もかかります。

　そこでテキストの要約に相当する作業をコンピューターに委ねようとするのがテキストマイニングです。コンピューターに委ねることによって再現性が保証されます。ここで再現性とは、同じデータに同じ分析手法を適用すれば同じ結果が得られるという意味です。またデータと解析用のスクリプトを用意してソフトウェアに読み込ませると、データの整形と解析、結果を反映したグラフィックスの作成、そしてレポートの起草までを完全に自動化することができるようになります。

テキストマイニングの応用事例

ここでは、テキストマイニングの導入が進んでいる分野について紹介します。

▌▌▌マーケティングでの応用事例

テキストマイニングの導入が進んでいる分野としてマーケティングが挙げられます。典型的な事例がサポートセンターでの意見分析です。

サポートセンターに寄せられる意見は、顧客の声を汲み取るための重要なデータですが、日々寄せられる質問や意見を集約したデータは相当の量になることがあります。これらを1つひとつ担当者が分析した上でレポートにまとめるには多大なコストと時間がかかります。また、個々の文章を読んでまとめるという作業は、どうしても個人の主観に影響されるため、別の担当者が分析した場合とは異なる結果になりがちです。テキストマイニングは大量のテキストを瞬時に分析することができる技術なので、サポート対策として導入する企業が早くから存在していました。

サポートセンターに寄せられる意見の分析にテキストマイニング技術を活用することで、顧客への対応時間の短縮や製品マニュアルの改善につなげるという事例や、製品に関して寄せられた質問の中から消費者の意外なニーズを見つけ出し、マーケティングや製品開発に活用するといった事例が知られています。

そのほか、商品に寄せられた消費者のクレームの中から、故障や不具合に関連するような意見を自動的に判別し、早期に商品の改良するという事例もあります。

一方で企業の側から消費者に積極的に意見を求める、つまりアンケート調査を行うことで製品の評価、企業イメージを分析する試みも広く行われています。たとえば、ある商品について、商品を試用した感想を自由に記述してもらい、あわせて「買う」か「買わない」のどちらかにチェックを入れてもらうとします。この結果をテキストマイニングで分析すると、「買う」と答えた回答者に頻出する単語、「買わない」と答えた回答者に目立つ単語を知ることができます。さらに、性別や年齢、職業といった回答者の属性を加えて検討することで、男性や女性、独身者や既婚者など、購買層別に意見を抽出・比較することが可能になります。こうして、特定の購買層をターゲットにした商品の改善や改良に直接つながる情報を得られるわけです。

この場合、しばしば使われる分析手法が対応分析です。対応分析では、アンケートの回答で使われた単語と、回答者の性別や職業などの属性情報を、1枚の散布図にプロットすることができ、ある回答者のグループに特徴的な単語をグラフを通して理解できます。

たとえば、ある食器洗浄機について独身者と主婦に「買う(Yes)」か「買わない(No)」を尋ね、その理由を自由に書いてもらったとします。すると、回答者は4つのグループに分けられますが、それぞれの自由記述文に現れた単語の頻度を下表のようにまとめます。

	主婦(Yes)	主婦(No)	独身者(Yes)	独身者(No)
機能	4	2	6	2
スペース	2	8	1	4
場所	2	9	2	4
便利	3	3	6	3
割高	1	7	2	2

このような表を対象として対応分析を実行すると、下図が作成されます。下図からは「買う(Yes)」と答えた回答者と、「機能」や「便利」という単語群が近い位置にプロットされています。これに対して、「買わない(No)」と答えた回答者は「割高」や「場所」などの単語近くに布置されていて、「買う」と答えた回答者グループとははっきり分かれて描画されているのが確認できます。さらには、いずれも「買う」と返答した独身者と主婦の反応の微妙な違いが、グラフの画面上の位置の違いに反映されています。対応分析については第7章のアンケート分析で改めて取り上げます。

なお、上記の表のような表をクロス表あるいは分割表といいます。2つのデータ(あるいは変数)を組み合わせ、該当する回答数を数えて記録した表ということです。

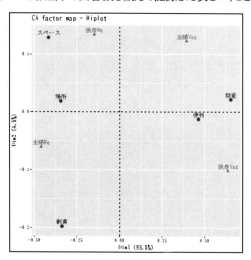

⫼ テキスト検索

さらにテキストマイニングは、研究論文や特許文書の分類、検索にも応用されています。専門の研究者でも全容を把握するのは困難なほどの膨大な量の研究レポートをデータベース化し、テキストマイニングを行うことで、出現するキーワードなどから各報告書の内容を推定し、テーマ別に分類していくことが可能になります。特許についても、同じようにテキストマイニングを利用した要約システムが実用化されています（特許庁の検索ポータル[1]などがあります）。

また、いつ起きるかわからない地震などの災害に対する市民の防災意識の向上にテキストマイニングを役立てようとする研究もあります。あるいは、医療現場では、患者やその家族から回収した自由記述形式のアンケートをもとに、ケアの改善につながるヒントを得ようとする試みも行われています。

変わった事例としては、学生が課題として提出したレポートが剽窃でないかどうかを確認するためにテキストマイニングの技術が応用されています。あるソフトウェアでは、学生のレポートをそのまま入力すると、その文章がインターネット上に存在するテキストの一部に一致していないか照合し、類似度の高いWebページを表示してくれます。

テキストマイニングは、一般には聞き慣れない言葉ですが、以上のようにさまざまな分野で応用が進んでいます。

---

[1]：http://www.jpo.go.jp/torikumi/searchportal/htdocs/search-portal/top.html

日本語処理

　ここまで説明したように、テキストマイニングで中心となる処理はテキストを単語に分解することです。たとえば、「太郎は次郎に本を渡した。」であれば、「太郎」「は」「次郎」「に」「本」「を」「渡し」「た」「。」と切り分けたいわけです。文を単語のレベルにまで分解した後で、さらに活用形を原形（終止形）に変換、その単語の品詞属性を特定することも並行して行われます。たとえば「渡した」であれば「渡す」が原形であり、その品詞属性は「五段動詞」、活用は「連用形」となります。こうした処理は「形態素解析」と呼ばれます。形態素とは、日常語でいえば「単語」に近い概念です。近いという意味は、「渡した」であれば、意味としては行為を表す動詞と、過去を表す助動詞の2つの成分で構成されています。つまり、「渡した」という単語は、2つの形態素で構成されます。

　文章を形態素に分割するソフトウェア（形態素解析器）は多数開発されています。本書ではMeCabやJanome、あるいはより多機能なGiNZAについて紹介します。

　とはいえ、形態素解析器による文章分割は完全ではありません。また、文章の性質上、完全を求めることには無理があります。MeCabに「形態素解析」という語句を入力すると、「形態素」と「解析」の2つに分解しますが、「形態素解析」は1語（形態素1個）でしょうか、2語（形態素2個）でしょうか？　この判断は、結局は、テキストマイニングを実行するユーザーの判断にゆだねられることになります。日本語形態素解析器の出力を、分析方針にあわせて修正することも必要になるのです。

　なお、Pythonにはspacyというテキストマイニングのためのフレームワーク（統一的な実行環境）があります。spaCyは単語（形態素）の分割だけでなく、その後の分析に必要となる機能も提供される高機能なフレームワークであり、spaCyだけでも、さまざまな分析が可能になります。spaCyは、もともとは単語がスペースで区切られている欧米語を解析するために開発されましたが、その後、形態素解析（単語の分かち書き）が必要な日本語についてもGiNZAというモジュールを併用することで、日本語のテキスト解析も実行できるようになっています。本書でも、spaCyおよびGiNZAについて紹介を行っています。

データ解析

テキストの文章を形態素解析にかけると、そのテキストにおける単語の分布がわかります。分布というと難しそうですが、要は、どのような単語（形態素）がどれくらいテキスト内に出現しているかを調べることに他なりません。形態素それぞれの頻度（出現回数）をまとめることで、さまざまな分析手法を適用することが可能になります。

テキストマイニングで使われる代表的な手法が、対応分析やネットワーク分析、クラスター分析、潜在的意味インデキシング、トピックモデルなどです。これらの手法は、市販のデータ分析ソフトウェアでは必ずしもサポートされていません。そこで本書ではPythonというプログラミング言語を導入して、データの処理、分析、そして可視化（グラフの作成）を行います。

▌▌本書のサポートサイト

本書で掲載しているコードおよびデータを、筆者のGitHubアカウントに公開しています。

 URL https://github.com/IshidaMotohiro/python_de_textmining

GitおよびGitHubは主にプログラミングコードの更新管理を行うSNSで、いわば複数のファイルをフォルダ（ディレクトリ）ごと管理および共有するようなSNSです。このSNSを利用するにはgitのインストールが必要ですが、Web上のGitHub画面で、右上のダウンロードボタン（「Code」と表示されているボタン）を押すことで、すべてのファイルをzipで圧縮した形式でダウンロードすることもできます。

たとえば、上記のリポジトリからダウンロードするには、次のように操作します。

❶ 「https://github.com/IshidaMotohiro/python_de_textmining」にアクセスします。

❷ 右端にある「Code」ボタンとクリックし、表示されるドロップダウンメニューから「Download Zip」を選択します。

　なお、本書の読者で日本語版Windowsを使っているユーザーは日本語のファイル
の扱いに注意が必要です。日本語版Windowsでは、日本語をコンピュータで扱うのに
CP932という文字コードが使われています。一方、Windows以外の環境では、さまざま
な言語の文字を扱う方法としてUTF-8が一般的になっています。

　macOS（以降、Mac）では、日本語を扱うコードとしてUTF-8が使われています。この
ため、Macで作成したファイルをWindowsにコピーして（あるいはWindowsからMacにコ
ピーして）ダブルクリックすると、少し前までは、いわゆる文字化けという現象が生じました。

　最近では、WindowsもMacも、OSそれぞれにおける日本語処理方法の違いをある
程度、吸収できるようになっており、文字化けに遭遇することは少なくなりました。とはいえ、
WindowsとMacそれぞれで日本語の扱いが異なることには変わりありません。この違い
を意識することが、Pythonのようなプログラミング言語で日本語を扱う場合に非常に重
要になります。

　Pythonをはじめ、多くのプログラミング言語でも日本語を扱う標準的な方法として
UTF-8を採用し始めています。そのため、特にWindowsユーザーは、Pythonで読
み込もうとするファイルなどの**文字コード**に何が使われているかを必ず意識してくださ
い。Windowsでファイルの文字コードを確認するには、アクセサリにある「メモ帳」を起
動し、「開く」からファイルを選択します。ウィンドウの右下にANSIと表示されている場
合、このファイルはWindows独自の方式で保存されています。ANSIというのはShift-JIS
（CP932）のことです。Shift-JISのファイルをそのままPythonで読み込むことができなくは
ないのですが、メモ帳で「名前を付けて保存」を選び、その際、ファイル名を指定するダ
イアログの下にある「文字コード」にUTF-8を選んで保存することで、ファイルの文字コー
ドをCP932からUTF-8に変換することができます。

　本書で取り上げるテキストファイルは、すべてUTF-8で保存されていることを前提にし
ています。本書のサポートサイトにアップロードされているファイル類も、すべてUTF-8で
保存されています。これらはPythonで処理するのに適切な文字コードに設定してありま
すが、Windowsでダブルクリックして表示しようとした場合、起動する（利用のWindows
で拡張子に関連付けられている）アプリケーションによっては、文字化けしてしまい中身
が確認できないことがあるかもしれません。しかし、本書で紹介するPythonのコードを使
うことで、テキストの中身は正しく読み込まれます。

CHAPTER 02

Python速習

本章では、Pythonとライブラリの基礎、またPython
によるデータ分析の例を紹介します。

SECTION-005

Pythonを使う理由

　小規模な(たとえば100件程度の)データを整理して保存する程度の目的であれば、マイクロソフトのExcelに代表される表計算ソフトで十分に間に合うでしょう。しかしながら、データサイズが大きくなり、ワークシートの行数や列数が増えてくると、「マウス操作」を前提としたソフトウェアでの作業は非常に効率が悪くなります。また、マウス操作による作業は、後日、手順の再現に戸惑うことも多くなります。さらに、Excelなどに備わっているデータ分析機能やグラフィックス作成機能は非常に貧弱です。

　そこで表計算ソフト以外のツールの利用を推奨します。データサイエンスやAIが広く活用されている現在、データ解析ツールには多数の選択肢があります。まず、有償のソフトウェアとしては、SPSSやSAS、MATLABが有名です。一方、無償で自身のコンピュータにインストールして使えるツールとして、プログラミング言語であるRやPythonが世界的に普及しています。実際のところ、データサイエンスの分野では、RとPythonが実質的なスタンダードとなっており、インターネット上にも多数の情報が溢れています。ぜひとも自身で検索してみてください。また、RあるいはPythonは、Google ColaboratoryやMirosoft AzureML、Amazon SageMaker Studio Labなどのクラウド環境で利用することもできます。クラウド環境で利用できるという意味は、パソコンに何かを追加でインストールする必要がなく、デフォルトで導入されているブラウザのウィンドウ内でコードを書いて実行できるという意味です。

　本書では、Python というプログラミング言語を使って日本語テキストをデータとして処理し、分析する方法を学びます。そこで、最初にPythonおよびデータサイエンス周りのパッケージ(拡張機能)の使い方を紹介します。

SECTION-006

Pythonについて

　前節でも述べましたが、サイズの大きなデータを扱うにはマウス操作はかえって不便です。では、どうするのかというと、**プログラミング言語**を使うのです。Pythonは、データの処理と分析、そして可視化に関する豊富な機能の備わったプログラミング言語であり、データサイエンス分野では広く使われています。同じように統計解析とグラフィックス作成機能に優れたプログラミング言語にRがあります。

　より正確には、R[1]はデータ分析とグラフィックス作成に特化したプログラミング言語といえます。最近では**RStudio**[2]というIDE（プログラミングを使いやすくするためのソフトウェア）と併用されることが多くなりました。

　一方、Pythonは汎用的に利用できるプログラミング言語ですが、ここ数年、データ分析に焦点を当てたライブラリ（あとから追加できる拡張機能）が充実してきています。特にAI（人工知能）技術の中核にあるディープラーニング（深層学習）を応用するには、Pythonを使うのが簡単です（Rでもできます）。

　Python の導入には複数の方法があり、利用しているOS（WindowsかMacか、あるいはLinuxか）や、利用目的によっても異なってきますが、本書ではデータ分析を実施するツールとしてPythonを利用します。Pythonの言語仕様やコード設計について詳細を解説することはしませんが、データ分析を実行するのに必要な技術については詳しく説明します。

　なお、プログラミング言語で命令を書くには、エディタという文字入力に特化したソフトウェア（Windowsでいえばメモ帳）か、IDEといわれるソフトウェアを利用します。本書では**Jupyter**の利用を推奨します。JupyterはブラウザベースのIDEであり、多様な機能を備えています。たとえば、入力途中で残りを推定して自動挿入してくれるコード補完機能があり、初心者には非常に使いやすくなっています。もちろん、すでにエディタになれているのであれば、その環境を利用してください。ちなみに筆者はEmacsのeinというパッケージを通してJupyterを利用しています。

　なお、Python のライブラリにはバージョンごとに相性の問題があり、今後、Pythonないしライブラリのアップデートされることによって、本書の掲載どおりの出力にならない、あるいは掲載コードが動かないということがあるかもしれません。その場合、筆者が気がついた範囲で本書のサポートサイトに変更点に関する情報を記載する予定です。

　一方で、Pythonには仮想環境という考え方があります。これはデフォルトのPython実行環境からは分離されたPython環境を用意し、デフォルトとは異なるバージョンのライブラリを構築するものです。仮想環境管理ツールは複数ありますが、代表的なのがvenvとpyenvです。後者のpyenvの場合、ライブラリだけでなく、Pythonについてもデフォルトとは異なるバージョンを導入することができます。

[1]：https://www.r-project.org/
[2]：https://rstudio.com/

　本書と同じ出力を得たいという読者はvenvなどを使って、ライブラリのバージョンを固定した環境を整備されるとよいでしょう。本書で利用したライブラリの情報は、本書GitHubリポジトリに登録した **requirements.txt** に記載しています。venvを利用する場合、ターミナルなどで以下のようにして仮想環境を構築し、バージョンを指定してライブラリを導入します。仮想環境管理の作成については、やはりGoogleで「Python 仮想環境」などのキーワードを、ツール（詳細設定）で最近1年間などの条件指定を行って検索し、自身の環境に適切な方法を見つけてください。

　下記は、仮想環境を作成する例です。この命令は、コマンドプロンプト（ターミナル）で行います。

```
$ pytnon3 -m venv working
$ cd working
$ source bin/activate
(working)$ pip install -f requirements.txt
(working)$ jupyter-notebook &
```

Pythonの導入

ここでは、Pythonの導入方法について詳解します。

▌▌Google Colaboratory

　最も簡単な方法は、自身のコンピュータにPythonをインストールせずに、GoogleのColaboratory[3]というWebサービスを利用することです。

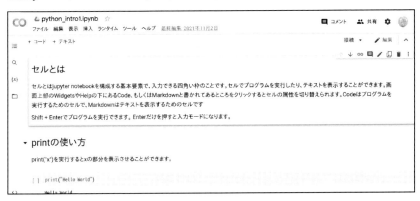

　Googleアカウントさえあれば、無料で誰でも使うことができます。ただし、制約があります。たとえば、連続利用時間が設定されており、無料版では12時間が経過すると、作業環境が消えてしまいます。テキストマイニングを実行するには、Python環境にさまざまな追加パッケージを導入する必要があります。これらはGoogle Colaboratoryでも実行時に導入できますが、12時間が経過すると、そうした追加環境はすべて消去されます。つまり、翌日に作業する際は、また一から必要なパッケージをインストールし直す必要があります。データなどをアップロードしていた場合は、保存場所をGoogle Driveに指定していない場合は、やはり消去されます。追加パッケージのインストールには、それなりに手間と時間がかかるので、余裕があれば次の手順で自身のマシンにPython環境を構築することをおすすめします。

III Mac/Windows

実はMacやLinuxには、もともとOSにPythonが組み込まれています。ただ、Macの場合、Pythonのバージョンが古いので、もしもデータ分析以外の用途でもPythonを利用したいという場合は、たとえばHomebrew[4]などの環境構築ツールを使って、最新のPythonを導入するのもよいでしょう。Windowsの場合、本稿を執筆している2022年5月の時点では、Pythonは組み込まれていないので新規にインストールすることが必要です。

MacにせよWindowsによせ、データサイエンスでの利用を主な目的としてPythonを導入するのであれば、**Anaconda**[5]を使うのが一番簡単でしょう。Anacondaをインストールすることで、本書の記載コードを自身で実行するのに必要なPythonとデータ分析用のライブラリ、そしてJupyterの環境が整います。以下、Anacondaの導入手順の概要を紹介しますが、ここに記す説明はいずれ古くなります。実際にインストールする際は、自身で検索サイトで調べ直すことをおすすめします。なお、2020年4月以降、Anacondaは特定の条件で商用利用する場合は有償となっていますが、本書の内容を追う用途であれば無償で利用できます。

Macについては、さらに注意があります。現在、Macを搭載したコンピュータにはアーキテクチャ(CPU)がIntel製の場合とApple社が独自に開発したM1の場合の2つの可能性があります。このうち、Intel制のCPUが搭載されたパソコンについては、次ページで説明する通りにAnacondaをインストールすれば問題ありません。

一方、CPUがM1だという場合、2022年5月現在、AnacondaにはM1チップ(Apple Silicon)の搭載された Mac用のインストーラが公開されていません。Mac用として公開されているのはIntel用のインストーラです。このIntel用のインストーラを使ってM1チップの搭載されたMacにAnacondaをインストールし利用することは可能なのですが、Pythonの実行時に不具合が生じる可能性があるかもしれません(もっとも、大きな問題はないかもしれません)。

M1チップ搭載のMacにAnacondaと同等の環境を構築する場合、**Miniforge**[6]を利用した方がよいかもしれません。筆者は自身のM1版MacにはMiniforgeをインストールしましたが、選択はユーザーの自己責任でお願いします。MiniforgeからArm64(Apple Silicon)用のインストーラをダウンロードして、ターミナルからダウンロードしたインストーラを実行します。詳細はGitHub上の説明を確認してください。英語が苦手という方は、DeepLなどの翻訳サービスを援用してください。

なお、自身が利用しているMacのアーキテクチャがわからないという場合は、Macの左上のAppleアイコンをクリックし、「このMacについて」を選びます。ここで、自身が使っているMacマシンがIntel版なのかM1版なのかを確認できます。

---

[4] : https://brew.sh/index_ja
[5] : https://www.anaconda.com/
[6] : https://github.com/conda-forge/miniforge

それではAnacondaをインストールしましょう。まず、Anacondaのトップページから「Pro
ducts」の「Anaconda Distribution」をクリックし、自身のOSに合わせてインストーラーを
ダウンロードします。

　基本的にインストーラーをダブルクリックするだけでPythonと関連ライブラリがインス
トールされます。ただし、注意点として、Windowsの場合、途中でインストールタイプ
を選択する必要がありますが、ここでは「All Users」を選ぶ方がよいでしょう。「Just
Me（recommended）」を選ぶと、利用しているパソコンの設定によっては（たとえば、
Windowsでユーザー名として日本語を使っていると）問題が生じる可能性がありま
す。逆にMacでは「個人環境向けにインストール」を選んだ方がよいです（Macにす
でにPython2が組み込まれているので、新規に追加するPython3とシステム設定が
衝突する恐れがあるからです）。さらに、Windowsでは、「Add Anaconda to the
system PATH environment variable」にはチェックを入れず、その下の、「Register
Anaconda as the system Python」にチェックが入っていることを確認してください。た
だし、繰り返しになりますが、Anacondaのサイト構成やインストール方法は、今後、変更
される可能性があります。インストールを試みる前に、自身でインターネットを検索などして
事前に情報を収集することをおすすめします。

　なお、インストールの最終段階で、入力補助ソフトとしてPyCharmのインストールをす
すめられることがあるかもしれませんが、必須ではありません。PyCharmはIDEと呼ばれ
るプログラミングの支援ソフトです。本書ではIDEとして**Jupyter Notebook**の利用を
想定します。なお、最近ではJupyter Notebookの後継環境としてJupyter Labが使わ
れるようになっています。Jupyter Lab は Jupyter Notebookの機能を拡張した環境で
すが、基本的な操作方法はJupyter Notebookと変わりません。

Jupyterの起動

Windowsではファイルメニューで［Anaconda］→［jupyter notebook］を選択すると、自動的にブラウザが起動します。場合によってはコマンドプロンプトという黒い画面上で、表示されたURL（「http://localhost」あるいは「http://127.0.0.1」で始まるアドレス）をブラウザを起動して指定するよう求められることがあるかもしれません。

Macでは「アプリケーション」フォルダにAnaconda-Navigatorがインストールされていますので、これを起動し、Jupyterをlaunchするボタンを押します。

ブラウザ画面の右メニューから「新規」→［Python3］を選択すると、新しくタブが開きます。

まずは簡単なPythonのコードを入力し、実行してみましょう。**import sys** と入力し、改行してまた **sys.version** と入力します。ここで、Shiftキーを押しながらEnterキーを押すと、入力欄（以下、セルと表現します）下に実行結果が表示されるはずです。

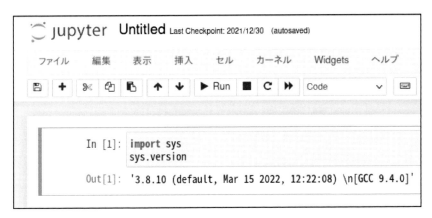

なお、JupyterのノートブックにはPythonのコードを入力して実行するだけでなく、メモあるいは報告を文章として残す機能があります。

Jupyterの入力欄は**セル**と呼びますが、セルにはいくつかモードがあります。そのうち、コードを入力する場合のセルのモードがCodeで、文章などを入力するセルモードが**Markdown**です。モードの切り替えは、該当のセルをハイライトした状態でキーボードのMキーを押すことで行います（Escキーを一度押してからMキーを押すことをおすすめします）。

Markdownは手軽にHTMLやPDFを作成するのを目的としたマークアップ言語ですが、本書では解説しません。Markdownについてはインターネット上に多数の情報が見つかるはずですので、自身で調べてみてください。複雑なルールはなく難しくはありません。

下記に、Jupyterを利用する上での注意点を箇条書きでまとめます。

- 入力可能な領域は「セル」と呼ばれる
- Enterキーを押すと入力モードに戻る
- セルでは「Code」モードと「Markdown」モードの違いに気をつける
- 説明など地の文はセルで（Escキーをいったん押してから）Mキーを押してMarkdownモードに変更
- Pythonのコードを入力する場合はMキーを押してCodeモードに変更
- Shiftキーを押しながらEnterキーを押すと、そのセルの内容は確定される（コードは実行され結果が下に出力される）
- Codeモードで入力途中にTabキーを押すと、関数名などの入力を補助する機能が利用できる

　Jupyterでは、MarkdownモードとCodeモードの2つを使い分けることで、入力内容をレポート(HTMLやPDF)として出力することができます。

SECTION-009

四則演算と変数、代入

まず、簡単な足し算掛け算を試してみましょう。プログラミング言語では命令をすべてキーボードから入力します。これまでソフトウェアの操作といえば、マウスでクリックした経験しかないのであれば、慣れるまで少し時間がかかるかもしれませんが、決して難しいことではありません。Jupyterのセルに以下の通りに入力してCtrlキーを押しながらEnterキーを押してみましょう（なお、ShiftキーとEnterキーを同時に押して実行すると、実行後、下のセルにカーソルが移動します）。

```
1 + 2 + 3
```

```
6
```

[out] という表示に続いて、計算結果が出力されているでしょう。加減乗除はExcelと同じ記号（ + 、 - 、 * 、 / ）を使って書き表します。なお、上記では数値と + の間に半角スペースを挟んでいますが、**1+2+3** としても同じです。ただ、スペースを挟んだほうが見やすいとはいえます。

さて、プログラミング言語を覚える上で最初の難関となるのが**変数**（variable）という概念でしょう。数学を思い起こさせる用語なのですが、次の例でもわかるように、単に、ある数値や文字を記憶するためのラベルと考えればいいのです。

```
x = 1 + 2 + 3
print(x)
y = 'Hello World'
print(y)
```

```
6
Hello World
```

ここで **x** と **y** がそれぞれ変数にあたり、上の命令（以下、コードとも呼びます）では、**1+2+3** を計算した結果や、'Hello World'という文字列に紐付けられたラベルとなっています。 print() という命令の丸カッコ内に変数を入れると、ラベルに紐付けられた実態（ここでは数値の6やHello World）が表示されています。ラベルと実態を関連付けるには = を使います。 x=1+2+3 は1と2と3の足し算の結果を、 x という変数に紐付ける命令ということになります。これを**代入**（assign）と表現することもあります。プログラミング言語で = は、一般には「等しい」という意味ではないことに注意してください。なお、プログラミング言語では、文字列は全体をシングルコーテーションないしダブルコーテーションで囲まなければなりません。

一方、**print()** は画面に出力する役割を持つ**関数**です。プログラミング言語で関数は、指定された変数を使った処理（足し算など）を行う変数のことです。前ページの例では、**x** という変数の実態を表示させるという処理を行っています。

ちなみに、関数の丸カッコ内におく要素を**引数**（ひきすう）といいます。関数によっては複数の引数を指定する場合もあり、区別するために第1引数、第2引数などと番号をつけます。

Pythonに限らず、プログラミング言語では、変数を用意し、これらを引数とする関数を中心に命令（コード）を書いていくことになります。

ちなみに、変数のことを**インスタンス**や**オブジェクト**と呼ぶこともあります。変数とインスタンス、オブジェクトは、それぞれ違ったニュアンスで用いられることもありますが、Pythonの入門段階では同じ意味であると考えてしまっていいでしょう。変数とインスタンス、オブジェクトの違いに興味がある読者はオブジェクト指向という概念を扱ったプログラミング言語の入門書などをひもといてみてください。

ここで **print()** の少し高度な機能を紹介しましょう。 **print()** の役割は画面への文字出力ですが、出力のスタイルを調整することができます。下記に例を示します。

```
print('% 演算子')
pi = 3.14
print('pi = %.3f' % pi)

print('formatを使った例')
print('{0} = {1}'.format('pi', pi))

print('f 文字列の利用')
age = 22

print(' f 文字列に変数をブラケットで囲んで指定')
print(f'私は{age}歳です。')

num = 1234567890
print('3桁ごとにカンマを挿入')
print(f'{num:,}')

print('小数点以下の桁数表示')
pi = 3.141

print('小数点2位まで')
print(f'pi =  {pi:.2f}')
#
print('指定された桁数だけゼロを追加')
print(f'pi =  : {pi:.5f}')
```

```
% 演算子
pi = 3.140
formatを使った例
pi = 3.14
f 文字列の利用
f 文字列に変数をブラケットで囲んで指定
私は22歳です。
3桁ごとにカンマを挿入
1,234,567,890
小数点以下の桁数表示
小数点2位まで
pi =  3.14
指定された桁数だけゼロを追加
pi =  : 3.14100
```

　この例では**%演算子**といわれる機能や **format** 関数、あるいは**f文字列**という機能を使って出力を調整しています。詳しくはPythonの公式マニュアル[7]などで確認してください。

　ちなみに、Jupyterのセルに冒頭に次のような記述を挿入すると、そのセルのコードは実行されません。入力内容が間違っているために実行するとエラーになってしまうコードを紹介するのに便利なため、本書ではコードの冒頭に利用していることがあります。

```
%%script false --no-raise-error
# 文字と数値の計算なので本来はエラーとなる
print('あ' + 1)
```

　ちなみに、このコードをあえて実行すると、次のようなエラーが生じます。

```
--------------------------------------------------------------------------

TypeError                               Traceback (most recent call last)

<ipython-input-5-7f7aa57e1b33> in <module>
      1 #%%script false --no-raise-error
      2 # 文字と数値の計算なので本来はエラーとなる
----> 3 print("あ" + 1)


TypeError: can only concatenate str (not "int") to str
```

[7]：https://docs.python.org/ja/3/

関数を定義する

　Pythonには多くの関数が用意されていますが、自分自身で作成（定義）することもできます。たとえば、入力された数値に、その10倍の値、さらに100倍の値を加算した結果を返す関数を定義してみましょう。

　関数を定義するには、行頭にdefという**キーワード**を書き、続いて関数の名前（数字で始めてはいけないなど多少の制約があります）、丸カッコと引数（ここでは x としましたが任意です）、そしてコロンを置きます。改行後、Tab キーで行の先頭から数文字のスペースを入力して（**インデント**といいます）処理内容を続けます。Jupyterを使っていれば、改行すると自動的にタブが行の先頭に挿入されます。タブは、Pythonにおいて非常に重要な役割を果たしており、関数の定義以外でも使うことが多くなります。

　この関数では、処理（入力された数値と、その10倍、さらに100倍の加算）の結果をいったん tmp という変数に代入し、これを return() で返しています。**返す**とは、計算結果を出す、というぐらいの意味です。関数の定義が終われば、my_func(3) として実行することができます。

```
def my_func(x):
    tmp = x + 10 * x + 100 * x
    return(tmp)
print('関数を引数として 3 を与えて実行する')
my_func(3)
```

```
関数を引数として 3 を与えて実行する

333
```

条件分岐

　前節で作成した **my_func()** に、処理結果が偶数であれば偶数、奇数であれば奇数と表示する機能を加えてみましょう。

```
def my_func(x=10):
    tmp = x + 10 * x + 100 * x
    if tmp % 2 == 0:
        print('偶数')
    else:
        print('奇数')
    return(tmp)

print('引数に 3 を与えて実行')
my_func(3)
```

```
引数に 3 を与えて実行
奇数

333
```

　関数の定義の中で、if というキーワードに続けて条件を書き、**コロン**を入力してから改行してます。改行後はタブをおいて **print()** 命令を書きます。ここでは関数定義の中で if を使っているので、改行後はタブの階層が深くなっています（行頭からタブ2個分の空白）。さらに改行後、if と同じ段落位置で（行頭からタブ1個分を挟んで）**else** とコロンを置き、改行後タブ（行頭からタブ2個分）を挟んで **print()** を記述しています。その上で、最後に **return()** を、if と同じ位置、つまり行頭からタブ1個分おいて記述しています。

　ちなみに **tmp%2** という命令は **tmp** に代入された数値を2で割った余りを求めています。すると、余りは0か1となりますが、0と等しい場合、**tmp** に代入された数値は偶数と判定されるわけです。なお、「等しい」をプログラミング言語では一般に == で表します。

　ところで、この例では関数定義の丸カッコ内に **x=10** としています。まるで10を代入しているようですが、これは引数のデフォルト値を設定します。定義された関数が実行される際に引数が指定されないと、Pythonの内部では暗黙のうちに引数として10が指定されたとして処理が行われるのです。

```
def my_func(x=10):
    tmp = x + 10 * x + 100 * x
    if tmp % 2 == 0:
        print('偶数')
    else:
        print('奇数')
    return(tmp)

print('関数を引数なしで実行する')
my_func()
```

```
関数を引数なしで実行する
偶数

1110
```

　ここでは **def** キーワードを使って **my_func()** という関数を定義しました。ところで、Pythonや拡張ライブラリで定義されている関数については**メソッド**と呼ぶことも多々あります。メソッドは、オブジェクト指向と呼ばれるプログラミングにおいて、クラスというコード設計に関連付けられた関数なのですが、詳細はオブジェクト指向の文献を参照してください。

繰り返し処理

　ある処理を繰り返し行いたい場合があります。たとえば、1から10までを足し算する処理を考えてみましょう。

```
x = 0
for i in range(1, 11):
    x = x + i
x
```

```
55
```

　上記のコードは一見したところ、何をしているのかよくわからないかもしれません。まず range(1,11) というのは、1から11未満までの整数を作り出す処理です。 range(1,10) と書いてしまうと、10未満を指定したことになり、10が加算されません。なお、現在のPythonの仕様では次のように range(1,11) だけを実行しても、不思議なことに数値は表示されません。

```
range(1, 11)
```

```
range(1, 11)
```

　実は、range() は実際に計算などの処理を行う命令とセットになってはじめて具体的な数値を生成する仕組みです。ここでは1から10までの数値から順番に1つを取り出すことになります。もしも、ここで range() が毎回、1から10まで10個の数値を作り出して、そのうち1つだけを取り出すのは不効率なので、必要な数値だけを作り出すようになっているのです。ここでは for を使って range(1,11) から数値を1つ取り出しては、これを i に代入し、これを x に加算していくのを繰り返します。

リストとスライス

　ここまで変数には1つの値（1や3.14）を代入しました。一方、複数の値を1つの変数に紐付けることもできます。次のようにします。

```
x = [1, 2, 3, 4]
x
```

```
[1, 2, 3, 4]
```

　[ ] の内部にカンマを挟んで複数の要素を並べることで、複数の要素をまとめた変数が生成できます。これを**リスト**といいます。他のプログラミング言語では配列やベクトルなどともいいます。リストからは任意の数の要素を取り出すことができます。

```
x [0]
```

```
1
```

　リストを代入した変数の後ろに [ ] を付け、リストの位置を表す番号を指定することで、その位置の値を取り出すことができます。これを**スライス**といいます。あるいは**添字**（そえじ）ということもあります。注意が必要なのは、位置を表す番号が0から始まることです。スライスとコロンを併用することで、リストから要素を柔軟に取り出すことができます。

前からの位置	0番	1番	2番	3番	4番
要素	1	2	3	4	5
後ろからの位置	-5番	-4番	-3番	-2番	-1番

　下記に、実際にスライスを使った例を示します。

```
x = [1, 2, 3, 4, 5]
print('2つ目(1番)から3つ目(3番)まで')
print(x[1:4])

print('2つ目(3番)まで')
print(x[ :3])

print('後ろから3つ目以降')
print(x[-3: ])

print('逆順に出力')
print(x[ : : -1])
```

```
2つ目(1番)から3つ目(3番)まで
[2, 3, 4]
2つ目(3番)まで
[1, 2, 3]
後ろから3つ目以降
[3, 4, 5]
逆順に出力
[5, 4, 3, 2, 1]
```

　なお、Pythonではコード中に　#　を挿入すると、その右から改行まではコメントと見なされます。自分が書いたコードの意味や目的をメモする際にコメントを使うと便利です。

タプル

複数の要素をまとめる際、[ ] ではなく丸括弧 ( ) を使うと、それは**タプル**となります。

タプルとリストの違いは、要素を変更できるかどうかという点にあります。タプルでは要素を変更しようとするエラーになります。

タプルは、関数の定義において複数の値を返す場合などに利用されます。データ分析を実行する場合にタプルを使う機会はほとんどないでしょう。

```python
x = [0, 1, 2]
print('リストは要素を変更できる')
x[2] = 34
print(x)
## タプル
y = (0, 1, 2)

print('タプルは要素を変更できないのでエラーとなる')
y[2] = 45
print(y)
```

```
リストは要素を変更できる
[0, 1, 34]
タプルは要素を変更できないのでエラーとなる


---------------------------------------------------------------------------

TypeError                                 Traceback (most recent call last)

<ipython-input-10-e4c287c86be3> in <module>
      7 #
      8 print('タプルは要素を変更できないのでエラーとなる')
----> 9 y[2] = 45
     10 print(y)


TypeError: 'tuple' object does not support item assignment
```

辞書

辞書は、要素をペアとしてまとめて保存する方法です。下記では、名前と年齢のペアを4つ含む辞書です。命令の前後に波括弧(ブレース)を使っていることに注意してください。

```python
ids = {'山田':18, '佐藤':20, '加藤':22, '田中':18}
print(ids['加藤'])
```

```
22
```

辞書でペアは、コロンの前半が**キー**、後半が**値**となります。キーを指定して値を取り出す仕組みです。よって、キーは重複できません。

辞書からすべての値をまとめて取り出すこともできます。**values()** を使います。キーを取り出すのは **keys()** です。すべてのキーと値のペアを取り出すには **items()** を使います。

```python
print('キーのリスト')
print(ids.keys())
print('値のリスト')
print(ids.values())
print('キーと値のペアをリストで表示')
print(ids.items())
```

```
キーのリスト
dict_keys(['山田', '佐藤', '加藤', '田中'])
値のリスト
dict_values([18, 20, 22, 18])
キーと値のペアをリストで法事
dict_items([('山田', 18), ('佐藤', 20), ('加藤', 22), ('田中', 18)])
```

あるいは、**for** で1つずつ繰り返しキーないし値(あるいはその両方)を取り出すこともよく行われます。

```
## キーを取り出して、値を指定する
for key in ids.keys():
    print("キー = " + key + "、値 =" + str(ids[key]))


print("----- line break ----")

## キーと値の両方を一度に取り出す
for key, value in ids.items():
    print("キー = " + key + ":値 =" + str(value))
```

```
キー = 山田、値 =18
キー = 佐藤、値 =20
キー = 加藤、値 =22
キー = 田中、値 =18
----- line break ----
キー = 山田 :値 =18
キー = 佐藤 :値 =20
キー = 加藤 :値 =22
キー = 田中 :値 =18
```

2つ目の **for** では、`items()` の返り値(あるペアのキーと値)がそれぞれ **key** と **value** に代入されています。なお、`str()` は数値などを文字列に変換する関数です。この辞書の値は整数ですが、キーと **+** でつなげるには、いったん整数を文字列に変換する必要があるのです。

02
Python速習

型

　プログラミングで**型**とは、1とか3.14は数値であり、'あいうえお'は文字、**print()** は関数であるなどと区別することを指します。たとえば1と3.14の型は **type()** で確認することができます。

```
print(type(1))
print(type(3.14))
```

```
<class 'int'>
<class 'float'>
```

　同じ数値でも **int** (整数)と **float** の違いがあることがわかります。
　1は整数(integer)、3.14は浮動小数点数(floating point number)というクラス(「類型」ぐらいの意味)に属します。
　浮動小数点数は、数学でいう実数を表す方法の1つです。コンピューターの内部で数は2進法で処理されます。2進法とは0と1のみを使う表現方法で、整数の1を2進法で表すと1ですが、2は10、3は11、4は100となります(実は文字も結局は2進法で処理されています)。コンピュータ内部で実数を表示する方法が浮動小数点です。詳細は日本語ウィキペディアの浮動小数点数[8]などの記述を参照してください。
　一方、文字列のクラスは以下のように表示されます。ちなみに、3.14は数値ですが、シングルコーテーションで囲った'3.14'は文字列であり、この2つは明確に区別される必要があります。

```
print(type(3.14))
print(type('3.14'))
```

```
<class 'float'>
<class 'str'>
```

　str はstringの略で**文字列**ですが、Pythonでは **str** クラス(類型)という文字列を保存し扱う仕様が定義されており、この定義に従う要素を文字列変数、あるいは文字列インスタンス、文字列オブジェクト、あるいは単にオブジェクトなどといいます。

正規表現

正規表現（regular expression）とは、簡単にいえば、文書から特定の文字列を検索したり、あるいは置換する機能のことです。

ある大学のある授業参加者の名簿リストがあったとしましょう。リストには、全員について生年月日が'1999年10月23日'のような形式で記載されています。このファイルを第三者に配布するにあたり生年月日を伏せるため、0000年-00月-00日のように数字部分を一括してゼロに変えてしまいたいとします。もしも、リストに記載されているのが数百名もいれば、これを手作業で行うのは大変です。

Pythonなどのプログラミング言語を使えば、次のようにして一括変換することができるのです。

```
import re
birth = '1999年10月23日'
res = re.sub('\d', '0', birth)
print(res)
```

```
0000年00月00日
```

```
## 生年月日のリストを指定して一括変換
days = ['1999年1月23日', '1999年1月23日', '1999年1月23日', '1999年1月23日']
print(days)
print('リストの要素ごとに適用')
## リスト内包表記
changed = [re.sub('\d', '0', day) for day in days]
print(changed)
```

```
['1999年1月23日', '1999年1月23日', '1999年1月23日', '1999年1月23日']
リストの要素ごとに適用
['0000年0月00日', '0000年0月00日', '0000年0月00日', '0000年0月00日']
```

reはPythonにおける正規表現機能をまとめたモジュールです。そして、**re.sub()** は正規表現モジュールの **sub()** という置換機能です。 **re.sub()** では第1引数に正規表現で検索対象となる文字列を、また第2引数には置換する文字を、そして第3引数に処理対象となる文字列を指定します。

ここでは、正規表現として **'\d'** が使われています。 **'\d'** は**メタ文字**と呼ばれる記法で、任意の半角数字、つまり0123456789のいずれかに1つにマッチします。つまり、半角数値はすべて0に置換されます。

　正規表現は非常に奥深い機能であり、本書の範囲ではとうてい説明しきれません。正規表現の応用可能性を知りたい読者はPythonの公式マニュアル[9]を参照されるとよいでしょう。本書でも正規表現をしばしば利用しますが、その都度、コードの意味について解説します。

[9]：https://docs.python.org/ja/3/library/re.html

リスト内包表記

　実は、前節の正規表現の適用例で、**リスト内包表記**というPython特有のコードを使いました。リスト内包表記は、繰り返し処理（ループ処理）を簡潔に記述する方法です。

　一般にリスト内包表記は **[func(x) for x in xs]** という形式となります。言葉で説明すると、**xs** というリストから要素を1つ取り出し、それを **x** とします。その **x** に **func()** を適用することを、リストのすべての要素に対して実行するわけでです。

　['ABC', 'ABCD', 'ABCDE'] というリスト **ALPHA** が対象だとして、それぞれの文字列の'B'だけを小文字'b'にしたいとすれば、**[re.sub('B','b',i) for i in ALPHA]** と書きます。

```
ALPHA = ['ABC', 'ABCD', 'ABCDE']
[re.sub('B','b',i) for i in ALPHA]
```

```
['AbC', 'AbCD', 'AbCDE']
```

イテレータとジェネレータ

繰り返し処理に関連して、**イテレータ**と**ジェネレータ**について説明します。

すでに range() については紹介しています。 range(5) とすると、0、1、2、3、4を返す関数です。ところが、次のように実行してみても、5個の整数は表示されないのでした。

```
x = range(5)
x
```

```
range(0, 5)
```

range() は本当に必要となるときに必要となる数値だけを生成する仕様になっています。反復可能オブジェクトという言い方をすることがあります。

```
for i in x:
    print(i)
```

```
0
1
2
3
4
```

このように繰り返し処理の中で利用すると、必要なときに必要な数値だけが返されるのです。これにより、無駄にメモリを使うことがなくなります。

シミュレーションなどのため range(1000000) と100万個の整数から1つずつ数値を取り出すような処理でも、最初にメモリ上に本当に100万個の数値が保存されるわけではなく、繰り返しの処理の中で必要な段階で必要な数値を1個だけ生成すれば済むのです(もっとも、昨今のパソコンで100万個程度の整数を保存するのが問題になることはないでしょうが)。

要素を1ずつ繰り返し取り出す仕組みを**イテレータ**といいます。Pythonのリスト、タプル、辞書(これらを**コレクション**ということがあります)はいずれもイテレータです。

ユーザーが自分で定義する関数にも、同じような機能を加えることができます。次では複数の要素を生成する関数を2つ定義しています。

```
def generator1(n):
    tmp = []
    for i in range(n):
        tmp.append(i)
```

```
        return tmp

print('指定された整数までのリストを生成')
x1 = generator1(10)
print(f'generator1 = {x1}')
print('-----------------')
def generator2(n):
    for i in range(n):
        yield i
print('指定された整数までの数値を生成するジェネレータ')
x2 = generator2(10)
print(f'generator2 = {x2}')
```

```
指定された整数までのリストを生成
generator1 = [0, 1, 2, 3, 4, 5, 6, 7, 8, 9]
-----------------
指定された整数までの数値を生成するジェネレータ
generator2 = <generator object generator2 at 0x7fbf6db5e740>
```

　最初の関数では **return** を使って生成したリストを返しています。しかし、2つ目では **yield** で生成した数値を返していることに注意してください。2つの関数の返り値は、最初の関数では10個の整数リストですが、2つ目の関数では **generator** となっており、具体的は数値は表示されません。ところが、次のような繰り返し（イテレート）処理の中で使うと、確かに10個の整数が表示されることが確認できます。

```
for i in x2:
    print(i)
```

```
0
1
2
3
4
5
6
7
8
9
```

　このような仕組みを**ジェネレータ**といいます。

ライブラリ

テキスト分析にPythonを使う強みは、データ分析周りのライブラリが多数揃っていることにあります。Pythonでは、特定の用途のために作成した関数をファイル（スクリプト）に保存して使い回すことが少なくありません。こうした関数などのセットをモジュールといいます。ある用途に特化したモジュールを複数作成し、専用のフォルダ（ディレクトリ）にまとめたものを**ライブラリ**といいます。世界中のユーザーらによって開発されたライブラリは、Python Package Index（PyPI）[10]というパッケージ管理システムに登録されています。ユーザーは自身のパソコンの Python 環境で **pip** コマンドによって、これらのライブラリをインストールできます。ライブラリあるいはモジュールを利用するには、実行前に一度だけ **import** 命令を使ってモジュールをロードすることが必要です。

データ分析関係では、次のパッケージが広く使われています。

- numpy
- pandas
- scikit-learn
- scipy

また、データを可視化するには次のライブラリが使われます。

- matplotlib
- seaborn

日本語テキストを解析できるライブラリも複数公開されています。

- python-mecab
- Janome
- spaCy
- GiNZA

テキスト分析の手順

　ここで、テキストをデータとして処理する流れについて事例を紹介しましょう。なお、この節ではまだ形態素解析器は使いません。

　テキストマイニングの成果として有名な事例に**文体**の分析があります。「文体」はやや曖昧な概念ですが、ここでは書き手の個性と考えられ、他の書き手とは区別できる特徴としておきましょう。すると、文体を計量化することで、コンピューター（ソフトウェア的）に書き手を識別させることができるようになります。

　金・村上（1994）に、書き手の「読点」の位置に着目した研究があります。日本語では、読点の位置が文法的に決められているわけではありません。そのため、読点をどこに打つかは、書き手の感覚に委ねられています。金らは、「は」「が」「に」といった助詞の後ろに読点がおかれた回数を書き手ごとに分類することで、書き手を識別できることを示しています。

　この研究事例をscikit-learnを使って再現してみましょう。次節では、**青空文庫**[11]からダウンロードした夏目漱石と森鴎外の小説を例としています。

　それぞれの著者から4つの小説を選び、冒頭から1万6000文字ほどで切り詰めたデータとします。書き手の判別が目的であるため、作品全体を使う必要はないわけですが、ただ、8つの作品それぞれのサイズは統一します。データは本書の付録サイト（GitHub）の **data/writers** フォルダに保存しています。ただし、青空文庫のデフォルトの文字コードはShift-JISですが、本書のファイルはUTF-8に変換しています。

　なお、青空文庫からファイルをダウンロードして、作品に関するメタ情報を削除する過程は、Pythonで自動化することができます。この方法は本書巻末に紹介しています。また、Google Coraboratoryでファイルの読み込みを行う方法についても、巻末付録で説明しています。

　[11]：https://www.aozora.gr.jp/

読点による執筆者判別

　ここで選んだ小説は下記になります。先にも触れたように、それぞれ50キロバイト（冒頭から1万6000文字）程度に切り詰めたファイルになっています。

作家	作品名（ファイル名）
森鴎外	雁（ogai_gan.txt）
森鴎外	かのように（ogai_kanoyouni.txt）
森鴎外	鶏（ogai_niwatori.txt）
森鴎外	ヰタ・セクスアリス（ogai_vita.txt）
夏目漱石	永日小品（soseki_eijitsu.txt）
夏目漱石	硝子戸の中（soseki_garasu.txt）
夏目漱石	思い出す事など（soseki_omoidasu.txt）
夏目漱石	夢十夜（soseki_yume.txt）

　ここで、これらのファイルのすべてについて、読点とその直前の文字の組み合わせを考えてみましょう。たとえば「今日は、暖かい」であれば「は、」ということになります。

　こんなものを取り出して何の役に立つかと思われるかもしれません。が、読者の皆さんが仮に日本語ネイティブだとして、これまで学校で読点の打ち方を習ったことがあるでしょうか？

　日本語の文法では読点をどこに打つかについては明確なルールがありません。もちろん、「今日、は、暖かい」のように書くと違和感がありますが、自分ならば「今日は暖かい」と読点を省いて書くという方も多いでしょう。つまり、読点をどこに使うかは、書きがそれぞれ経験的に判断しているわけです。つまり、読点をどこにどれだけ使うかには個人の癖があります。

　この癖を見つけ出すことができれば、書き手を判別ができるわけです。

　次の手順で、読点と文字の組み合わせを取り出す処理を行います。

- 特定のフォルダ（ディレクトリ）に保存されたファイルをすべて読み込む
- ファイルごとに、読点とその直前の文字のペアを見つけてカウントする
- 各ファイルから求めた数値を表の形にまとめる
- 生成された表をデータとして数値的な分析手法を適用する

　最後の数値的な分析手法として、ここでは**主成分分析**を適用します。主成分分析については後で改めて説明します。まず、フォルダからファイルを読み込む方法を説明します。

■ ファイル一覧の取得と読み込み

あるフォルダに保存されたファイルの一覧を取得することから始めましょう。ファイルを読み込み場合、現在のフォルダを基準に相対的位置（パス）を指定するか、あるいはドライブのトップ階層からの絶対位置を指定します。ここでは相対位置を使います。まず、絶対位置をPythonに標準的で備わっているosライブラリを利用して確認します。

```
import os
os.getcwd()
```

```
'/mnt/myData/GitHub/textmining_python/textmining/docs'
```

出力は利用している環境によります。上記は筆者は日常的に利用しているUbuntu（Linux）というOSでの出力です。筆者の場合、現在のフォルダである **docs** の1つ上に **writers** というフォルダがあり、ここに8つのテキストが保存されています。この場合、1つ上にあることを **../** という方法で表現します。さて、**writers** というフォルダにあるファイルの一覧を取得するには **os.listdir()** を使います。取得されたファイルは、必ずしも名前順になっていないので、**sorted()** で名前順に並べ替えるとよいでしょう。

```
files = os.listdir("../writers")
files = sorted(files)
print(files)
```

```
['ogai_gan.txt', 'ogai_kanoyoni.txt', 'ogai_niwatori.txt', 'ogai_vita.txt',
'soseki_eijitsu.txt', 'soseki_garasu.txt', 'soseki_omoidasu.txt', 'soseki_
yume.txt']
```

これで対象フォルダ内のファイルの一覧を取得できたのですが、ファイルを読み込む関数に指定する場合、絶対パスで渡すのが望ましいこともあります。絶対パスとは、Windowsならば **C:¥** で、Macならば **/Users** など、ドライブの先頭（ルート）で始まる表記方法のことです。そこで、いま取得したファイル名一覧それぞれの先頭に、ドライブの先頭からのパスを追加します。

```
path = os.path.abspath('../writers')
files_path = [path + '/' + txt_name for txt_name in files]
files_path
```

```
['/mnt/myData/GitHub/textmining_python/textmining/writers/ogai_gan.txt',
 '/mnt/myData/GitHub/textmining_python/textmining/writers/ogai_kanoyoni.txt',
 '/mnt/myData/GitHub/textmining_python/textmining/writers/ogai_niwatori.txt',
 '/mnt/myData/GitHub/textmining_python/textmining/writers/ogai_vita.txt',
 '/mnt/myData/GitHub/textmining_python/textmining/writers/soseki_eijitsu.txt',
 '/mnt/myData/GitHub/textmining_python/textmining/writers/soseki_garasu.txt',
 '/mnt/myData/GitHub/textmining_python/textmining/writers/soseki_omoidasu.txt',
 '/mnt/myData/GitHub/textmining_python/textmining/writers/soseki_yume.txt']
```

ここでは `files_path` はドライブとファイル名からなる絶対パスの一覧になっています。

文字数のカウント

次に、8つのファイルすべてを読み込み、読点と直前の文字をカウントします。

ここでscikit-learnの出番です。scikit-learnには **CountVectorizer** というクラス(ひな形のようなもの)があり、単語や文字の数を数えることができます。標準では1単語あるいは1文字ずつカウントしますが、**ngram_range** という引数を指定することで、2つ以上の単語ないし文字が連続しているケースを対象とすることもできます。単語ないし文字の連なりを**N**グラムといいますが、2つ連続している場合(文字ないし単語のペア)を特に**バイグラム**と呼びます。文字ごとに切り分けて分割するには **analyzer** 引数に **'char'** を指定します。先に用意したリストには8つのファイル名が格納されていますが、これらのファイルを解析することを指示するために **input** 引数には **'filename'** を与えます。

これでファイルを読み込み、文字のバイグラムをカウントする準備ができました。実行するには **fit_transform()** を使います。ちなみに、この処理は **fit()** と **transform()** という2つの関数に分けて段階的に行うこともありますが、詳細は次章で説明します。

```
from sklearn.feature_extraction.text import CountVectorizer
cv = CountVectorizer(input = 'filename', ngram_range=(2,2), analyzer = 'char')
docs = cv.fit_transform(files_path)
```

結果として **docs** にファイルごとのバイグラムのカウント結果が保存されています。ただし、**docs** はやや特殊な形式で保存されたデータです。

```
docs
```

```
<8x26562 sparse matrix of type '<class 'numpy.int64'>'
    with 48196 stored elements in Compressed Sparse Row format>
```

docs は行列としては8行(作品数)26562列(読点と文字のペア)のデータなのですが、行列としての成分のほとんどが0です。この例では、文字のバイグラムを抽出していますが、たとえば鴎外の『鶏』には、「鶏を」という文字の連なりが出現しますが、他の7作品にはこのバイグラムは現れません。つまり、頻度は0です。一般に文書の集合から文字や単語、あるいはそのバイグラムの出現回数をカウントとして頻度表を作成した場合、0が多数並ぶ頻度表が作成されます。これを疎な表、あるいは**疎行列**(sparse matrix)などといいます。要素として0が圧倒的に多い場合、頻度が1以上の場合のみを記録するとメモリ効率が良くなります。そこで頻度が1以上の成分だけ、その列と行それぞれの位置、そして頻度を記録する方法が提案されています。**CountVectorizer** には、疎行列を特殊な形式で効率的に保存するデータ形式があります。上記の **docs** はまさに疎行列に対応した特殊なデータなのです。

さて、この処理によって約2万6000個のバイグラムのペアが取り出されましたが、ここでは金と村上の研究（1998）を参考に、読点の直前の文字が「と」「て」「は」「が」「で」「に」「ら」「も」であるケースを抽出します。

先に生成し初期化した **cv** オブジェクトには **.vocabulary_** という属性があり、抽出されたバイグラムとそのインデックスのペアが辞書として保存されています。確認してみましょう。

```
bigrams = [(v,k)  for k,v in (cv.vocabulary_).items()  if k in ['が、', 'て、
', 'と、', 'に、', 'は、', 'も、','ら、','で、']]
print(sorted(bigrams))
```

```
[(3230, 'が、'), (5725, 'て、'), (6251, 'で、'), (6613, 'と、'), (7456, 'に、'),
(9344, 'は、'), (10640, 'も、'), (11231, 'ら、')]
```

ペアで表示されている整数は頻度ではなく、インデックス、つまりデータの行番号であることに注意してください。

頻度表を表示してみましょう。 **toarrary()** を使うことで配列（行列に近い形）で表示することができます。 docs を配列に変換すると、バイグラムごとに8作品それぞれにおける頻度をまとめたリストを要素とするリストが生成されます（リストのリストになっています）。そこで、ここでは8つのバイグラムに限って取り出します。つまり8つの要素を含む（1つの）リストを取り出します。

```
bigrams_idx = [ i[0]  for i in sorted(bigrams)]
print('バイグラムのインデックスを表示')
print(bigrams_idx)
print('配列の要素（頻度）を表示')
docs.toarray()[:, bigrams_idx]
```

```
バイグラムのインデックスを表示
[3230, 5725, 6251, 6613, 7456, 9344, 10640, 11231]
配列の要素（頻度）を表示

array([[ 66, 167,  67,  47,  55,  73,  10,  44],
       [ 66, 194,  52,  34,  81,  67,  25,  34],
       [ 48, 135,  76,  29,  36,  35,  14,  37],
       [ 63, 112,  53,  36,  47,  69,  21,  35],
       [ 31, 143,  37,  86,  41,  40,  22,  51],
       [ 28,  70,  36,  24,  41,  39,  10,  33],
       [ 38, 102,  46,  29,  32,  42,  18,  28],
       [ 33, 138,  38,  41,  39,  22,  13,  44]]])
```

　作品（行）と各バイグラム頻度（列）をデータとして、鴎外と漱石を機械的に分類できるか試してみましょう。データ形式はこのままでも分析を実行できないことはありませんが、頻度表に列名と行名を加えておきましょう。ここで、pandasライブラリを使ってデータフレームという形式に変換します。

データフレーム

　観測値を矩形にまとめ、行と列にラベルを加えたデータ形式を**データフレーム**といいます（もともとはRで使われた用語です）。単純ですが、次のような成績表がデータフレームの例です。要するに表計算ソフトでいうワークシートに近いものです。

氏名	国語	数学	英語
加藤	95	68	88
佐藤	75	89	73
鈴木	88	82	91
田中	68	93	80
山本	91	73	94

　ここで観測値は氏名と、3科目の成績（整数値）で、1行は列名です。データ分析では、記録したデータをこうした矩形にまとめた上で、実際の分析にかけるのが一般的です。pandasは、データフレームを効率的に操作することができるライブラリです。

　そこで、先のバイグラムのデータ表を、pandasを使ってデータフレームに変換してみましょう。docs データから、ここでの分析に必要な8種類のバイグラムを抽出します。また、列名を設定するため、バイグラムの一覧をリストとして保存しておきましょう。まず列名（バイグラムのリスト）を作成します。

```
bigrams_features  = [ i[1]  for i in sorted(bigrams)]
bigrams_features
```

```
['が、', 'て、', 'で、', 'と、', 'に、', 'は、', 'も、', 'ら、']
```

　docs データから利用するバイグラム8種を抽出するため、それぞれのインデックス（行番号）を保存したリスト **bigrams_idx** と、バイグラムそのもののリストである **bigrams_features** を列名とし、またインデックス（行名）としてファイル名（作品名）を指定してデータフレームを作成します。pandasの **DataFrame()** に、配列形式のデータ（8種類のバイグラム）と、列名、そして行名としてファイル名を指定します。

```
import pandas as pd
bigrams_df = pd.DataFrame(docs.toarray()[:, bigrams_idx], columns=bigrams_
features, index=files)
bigrams_df
```

	が、	て、	で、	と、	に、	は、	も、	ら、
ogai_gan.txt	66	167	67	47	55	73	10	44
ogai_kanoyoni.txt	66	194	52	34	81	67	25	34
ogai_niwatori.txt	48	135	76	29	36	35	14	37
ogai_vita.txt	63	112	53	36	47	69	21	35
soseki_eijitsu.txt	31	143	37	86	41	40	22	51
soseki_garasu.txt	28	70	36	24	41	39	10	33
soseki_omoidasu.txt	38	102	46	29	32	42	18	28
soseki_yume.txt	33	138	38	41	39	22	13	44

ちなみに、「が、」の頻度だけを取り出す場合は次のように指定します。

```
bigrams_df['が、']
```

```
ogai_gan.txt          66
ogai_kanoyoni.txt     66
ogai_niwatori.txt     48
ogai_vita.txt         63
soseki_eijitsu.txt    31
soseki_garasu.txt     28
soseki_omoidasu.txt   38
soseki_yume.txt       33
Name: が、, dtype: int64
```

データフレームを確認すると、鴎外では「が、」や「に、」の頻度が高く、漱石では頻度が低いことがわかります。そこで、「が、」と「に、」を使って散布図を描いてみましょう。

グラフィックス

　データ分析では、データを可視化して、その特徴を直感的にとらえる作業が欠かせません。Python においては**matplotlib**というライブラリが標準的に使われます。matplotlibのグラフィックス表現力は公式サイト[12]などで確認できるので、ぜひ参照してください。ここでは、単純なグラフィックスの作成例を紹介しましょう。

　まず、グラフィックス作成の手順を下記に示します。おおよそ次のように進めます。

　1 matplotlibをインポートする

　2 Jupyter Notebookを利用する場合はインライン表示を指定する

　3 白地のキャンバス（figure）と描画領域（ax）の2つを生成する

　4 描画領域に作図を指示する

```
## jupyter 用のマジックコマンド(この1行は省略しても描画できることがほとんど)
%matplotlib inline
## matplotlib を読み込み
import matplotlib.pyplot as plt
## グラフィックスのテーマを指定(ここではRのggplot2風のテーマ)
plt.style.use('ggplot')
## 描画データ
x = [1,2,3,4,5]
y = [10,20,30,40,50]
## ここで以下のようにしても描画されるが
# plt.plot(x, y)
## 以下のような手順を踏んで描画するのが望ましい
## 描画領域を準備
fig = plt.figure()
## 描画領域にプロット領域を確保
ax = fig.subplots()
## 描画する
ax.plot(x, y, color='r')
## Jupyter以外の環境では以下が必要
# plt.show()
```

```
[<matplotlib.lines.Line2D at 0x7ff258deca60>]
```

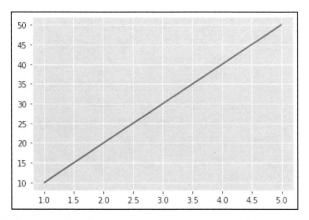

インターネット上の解説の多くにJupyterでグラフィックスを使う場合、**%matplotlib inline** の1行を追加しておくという説明がなされています。

実は、最近のJupyterではこの命令（Jupyterではマジックコマンドと呼びます）を書いておかなくてもプロットは表示されるのですが、何かの都合で明示的にこの1行を加えておかないとグラフィックスが現れない場合もあるので、念のためノートブックの最初にセルに加えておいたほうがよいでしょう。

matplotlibを **plt** という略称でインポートしたあと、好みのテーマを指定します（テーマの指定は省略しても構いません）。**描画領域**を **figure** 関数で用意し、プロットのための領域を **subplots** 関数で設定しています。

プロット領域を表すオブジェクト（ここでは、慣習的によく使われる **ax** という名前にしました）を使って描画（ **plot** ）しています。なお、Jupyter以外の環境では最後に **plt. show()** を実行しないとグラフィックスは表示されません。ちなみにJupyterにおいてもプロットを生成する命令の最後に **plt.show()** を加えておくと、画像オブジェクトの情報（画像の真上にある **[<matplotlib.lines.*]** というような出力）は表示されなくなります。

ただし、コードのコメントにも書いたように、**figure** 関数で描画領域を用意せず、いきなり **plt.plot(x,y)** としてもグラフは表示されます。レポートや論文などに掲載するのが目的ではなく、単にデータを概観するためであれば、こちらでも十分かもしれません。

なお、Pythonと並んで統計解析やグラフィックス作成に使われる環境としてRが有名です。Rにはggplot2という非常に優れたグラフィックス用ライブラリがあります。このggはGrammar of Graphicsの略です。名前が示す通り、ggplot2はデータ分析に適切な表現を追求したライブラリであり、Rでは多くのユーザーに支持されてます。このggplot2風のグラフィックスをmatplotlibでも作成することができます。それが **plt.style. use('ggplot')** という指定です。

グラフィックスの種類は、描画関数で指定します。バープロット（いわゆる棒グラフ）を作成してみましょう。

```
fig, ax = plt.subplots()
ax.bar(x,y)
```

```
<BarContainer object of 5 artists>
```

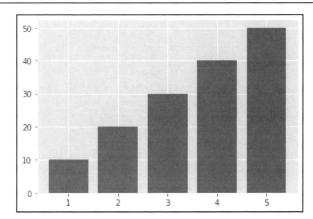

上記のコードでは、まず figure 関数で描画領域を作成するという手順を取らず、いきなり subplots を実行することで、描画領域とプロットの領域の2つを同時に作成しています。そのため、= の左側に、fig と ax の2つの変数をおいて、返り値を受け取っています。もっとも、描画に使うのはプロット領域である ax の方で、描画領域 fig は（この例では）利用していません。

描画領域とプロット領域を区別することが役に立つのは、1つのグラフィックス（描画領域）に複数のグラフ（プロット）を描くことができる点です。下記では描画領域に4つのプロット領域を作成し、そのうちの3つにだけプロットしています。

```
fig = plt.figure()
## 2行2列の1番目
ax1 = fig.add_subplot(2, 2, 1)
## 2行2列の3番目
ax2 = fig.add_subplot(2, 2, 2)
## 1行4列の4番目
ax3 = fig.add_subplot(2, 2, 3)
ax1.bar(x,y)
ax1.set_title('Bar Plot')
ax3.scatter(x,y)
ax3.set_title('Scatter Plot')
```

```
Text(0.5, 1.0, 'Scatter Plot')
```

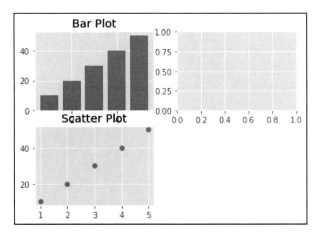

　matplotlibは高機能なライブラリですが、見た目の美しいグラフィックスを作成しようと
すると、かなり手間がかかります。一方、matplotlibをベースに、より簡単に表現力の高
いグラフィックスを作成するためのパッケージに**seaborn**があります。Anacondaを使っ
ている場合、seabornはすでに導入されていますが、別の方法でPythonをインストール
した場合は `pip install seaborn` というコマンドでインストールしてください。
　seabornの描画を試してみましょう。

```
import seaborn as sns
iris = sns.load_dataset('iris')
sns.jointplot(x='sepal_width', y='petal_length', data=iris)
```

```
<seaborn.axisgrid.JointGrid at 0x7fe06123e220>
```

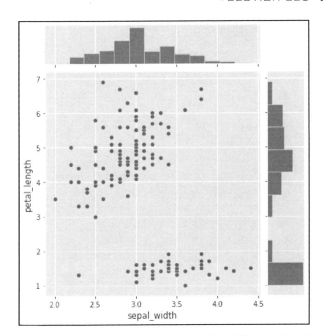

seabornに付属しているirisデータセットを使って、散布図とヒストグラムを結合したグラフィックスを作成しました。irisはデータサイエンス分野で分析やグラフィックスのサンプルとして有名なデータセットです。このため、seabornライブラリ以外にも、scikit-learnライブラリにデータセットとして同封されています。scikit-learnのデータセットには解説（ただし英語）がありますので、少し長くなりますが表示してみましょう。

```
from sklearn.datasets import load_iris
iris_dataset = load_iris()
print(iris_dataset.DESCR)
```

```
.. _iris_dataset:

Iris plants dataset
--------------------

**Data Set Characteristics:**

    :Number of Instances: 150 (50 in each of three classes)
    :Number of Attributes: 4 numeric, predictive attributes and the class
    :Attribute Information:
        - sepal length in cm
        - sepal width in cm
        - petal length in cm
```

```
          - petal width in cm
          - class:
                  - Iris-Setosa
                  - Iris-Versicolour
                  - Iris-Virginica

       :Summary Statistics:


       ============== ==== ==== ====== ===== ====================
                      Min  Max  Mean   SD    Class Correlation
       ============== ==== ==== ====== ===== ====================
       sepal length:  4.3  7.9  5.84   0.83   0.7826
       sepal width:   2.0  4.4  3.05   0.43  -0.4194
       petal length:  1.0  6.9  3.76   1.76   0.9490  (high!)
       petal width:   0.1  2.5  1.20   0.76   0.9565  (high!)
       ============== ==== ==== ====== ===== ====================


       :Missing Attribute Values: None
       :Class Distribution: 33.3% for each of 3 classes.
       :Creator: R.A. Fisher
       :Donor: Michael Marshall (MARSHALL%PLU@io.arc.nasa.gov)
       :Date: July, 1988

The famous Iris database, first used by Sir R.A. Fisher. The dataset is
taken
from Fisher's paper. Note that it's the same as in R, but not as in the UCI
Machine Learning Repository, which has two wrong data points.

This is perhaps the best known database to be found in the
pattern recognition literature.  Fisher's paper is a classic in the field
and
is referenced frequently to this day.  (See Duda & Hart, for example.)  The
data set contains 3 classes of 50 instances each, where each class refers
to a
type of iris plant.  One class is linearly separable from the other 2; the
latter are NOT linearly separable from each other.

.. topic:: References

   - Fisher, R.A. "The use of multiple measurements in taxonomic problems"
     Annual Eugenics, 7, Part II, 179-188 (1936); also in "Contributions to
     Mathematical Statistics" (John Wiley, NY, 1950).
   - Duda, R.O., & Hart, P.E. (1973) Pattern Classification and Scene
```

Analysis.
  (Q327.D83) John Wiley & Sons. ISBN 0-471-22361-1. See page 218.
  - Dasarathy, B.V. (1980) "Nosing Around the Neighborhood: A New System
    Structure and Classification Rule for Recognition in Partially Exposed
    Environments". IEEE Transactions on Pattern Analysis and Machine
    Intelligence, Vol. PAMI-2, No. 1, 67-71.
  - Gates, G.W. (1972) "The Reduced Nearest Neighbor Rule". IEEE
Transactions
    on Information Theory, May 1972, 431-433.
  - See also: 1988 MLC Proceedings, 54-64. Cheeseman et al"s AUTOCLASS II
    conceptual clustering system finds 3 classes in the data.
  - Many, many more ...

　irisは3種類のアヤメの品種それぞれ50個体について4箇所の計測を行った結果をまとめたデータですが、ここでは2つの変数のみを使っています。

散布図

　漱石と鴎外から抽出したバイグラムのデータに話を戻し、「が、」と「で、」の2つを使っ
て散布図を作成してみましょう。seabornライブラリの **scatterplot()** を利用します。
データフレームと、X軸におく変数(列名)、Y軸におく変数(列名)を指定すれば散布図
は作成されます。ここでは、さらに鴎外と漱石で記号で区別するため、**style** 引数も指
定します。

　なお、matplotlibやseabornで日本語を表示するため、**rcParams**モジュールを導入
し、利用しているOSで利用可能なフォント名を指定します。下記では、Windowsおよび
Mac、そしてUbuntuで利用可能な**日本語フォント**候補を記述しています。

```
%matplotlib inline
import matplotlib.pyplot as plt
import seaborn as sns
sns.set(style='darkgrid')
from matplotlib import rcParams
rcParams['font.family'] = 'sans-serif'
rcParams['font.sans-serif'] = ['Yu Gothic', 'Meirio', 'Hiragino Maru Gothic
Pro', 'Takao', 'IPAexGothic', 'IPAPGothic', 'VL PGothic', 'Noto Sans CJK JP']
lbls = ['鴎外','鴎外','鴎外', '鴎外', '漱石', '漱石', '漱石', '漱石']
sns.scatterplot(data=bigrams_df, x='が、', y='で、', style=lbls, hue=lbls)
```

```
<AxesSubplot:xlabel='が、', ylabel='で、'>
```

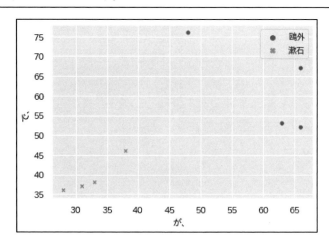

　この散布図から明らかなのですが、実は、この8つの小説に限ると、「が、」と「で、」の
どちらかだけで2人の作家を分離することが可能です（横軸と縦軸のいずれも●と×が
分離されているのがわかると思います）。ただ、一般には、同一の書き手であっても「が、」
が多めになる文章と、少なめになる文章がでてくると考えられます。このため、バイグラム
1つないし2つだけで、常に書き手の分類が可能になるとは限りません。鴎外と漱石の例
でも、「が、」あるいは「で、」以外の6つのバイグラムでは、2人の作家を分離できません。
一般に特定のバイグラムの頻度で書き手を区別することはできません。そこで複数のバ
イグラムの情報を組み合わせます。

　ただし、複数のバイグラムを同時に比較することは難しいです。3つまでならば、散布
図に高さを加えた3Dプロットで可視化できます。参考までに「が、」と「で、」を平面とし、
「は、」を高さにとった3D散布図を描いてみましょう。

```python
from mpl_toolkits.mplot3d import Axes3D

fig = plt.figure()
ax = fig.add_subplot(111, projection = '3d')

ax.set_xlabel('が、')
ax.set_ylabel('で、')
ax.set_zlabel('は、')

ax.scatter(bigrams_df['が、'], bigrams_df['で、'], bigrams_df['は、'],
marker="o", linestyle='None')
```

```
<mpl_toolkits.mplot3d.art3d.Path3DCollection at 0x7fe06064bac0>
```

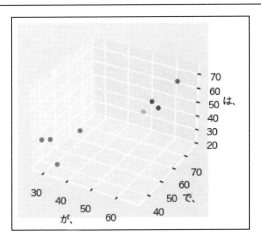

　しかし、3次元空間でそれぞれの作品の位置関係を比較し、書き手を判別できたかどうかを判断するためには、3Dプロットをさまざまな角度から視認することが欠かせません。

　分析対象とするバイグラムが4つ以上になると、グラフィックス化するのは困難になります。仮にできたとしても、我々人間の視力では、書き手を判別するグラフとして利用すること難しいでしょう。

　このような場合、データを圧縮する方法が使われることがあります。たとえば8つのバイグラムの情報を何らかの方法で2つに圧縮すれば、散布図で描くことができます。さらに、情報を圧縮することは「要約する」ことにつながり、余計な情報（雑音）を減らすことも期待できます。

　そのような都合の良い方法があるのかと思われるでしょうが、データサイエンス分野ではデータを圧縮するということが頻繁に行われ、成果を上げています。そうした手法の1つが主成分分析です。

主成分分析

　ここで簡単に**主成分分析**(PCA: Principal Component Anaysis)について説明しましょう。主成分分析は多数の変数の情報を、主成分と呼ばれる少数の合成変量に変換する手法です。

　前節では鴎外と漱石それぞれ4編の作品から、8種類のバイグラムの情報を取り出しました。したがって、各作品ごとに8個の変数があります。ところで、もしも変数が2個だけであれば、一方をx軸、他方をy軸に取ることで、分析対象のテキストを2次元の散布図上に描くことができ、各テキストの位置関係をグラフで確認することができます。また、3つの変数であれば3次元のグラフィックスを描くこともできます。ところが変数が8個、すなわち8次元であると、これらを人間が識別できるような形でグラフィックスにするのは不可能です。

　かといって、多数の項目(ここでは8つのバイグラム)の頻度がありながら、そのうち2つか3つの変数だけを取り出して分析するのでは、手もとのデータの情報をほとんど捨て去ることになります。特に書き手の判別を目的とするのであれば、一般にはバイグラム2つだけでは情報量としては不十分です。そこで8つのバイグラムから、それぞれの情報をできるだけ多く取り込んだ新しい変数を合成することを考えます。

　ここで、4つの変数を使って合成変数で作成する式として、下記を考えます。

$$z_1 = a_{11}x_1 + a_{21}x_2 + a_{31}x_3 + a_{41}x_4$$
$$z_2 = a_{12}x_1 + a_{22}x_2 + a_{32}x_3 + a_{42}x_4$$
$$z_3 = a_{13}x_1 + a_{23}x_2 + a_{33}x_3 + a_{43}x_4$$
$$z_4 = a_{14}x_1 + a_{24}x_2 + a_{34}x_3 + a_{44}x_4$$

この式では変数のx_1, x_2, x_4, x_4に、データの測定値が代入されます。鴎外と漱石の例であれば、4つの読点ペアを選び、それぞれの作品ごとの頻度と考えてください。

　また、$a_{11}, a_{21}, \ldots, a_{34}, a_{44}$はデータから特殊な計算を使って導き出した数値です。係数といいます。係数と変数を掛け算して、その和を取ることで求められたz_1, z_2, z_3, z_4を主成分得点といいます。また係数の方は主成分と呼ばれます。これらの計算は、Pythonのライブラリを使うことで行われますが、その概要は次のようになります。

1 データの共分散行列Σを作成する
2 共分散行列を固有ベクトルAと固有値Λに分解する
3 固有値の大きい順に任意の数kを選びΛ_kとする
4 対応するk個の固有ベクトルA_kともとデータの積をとる

もとデータをXとすると、**固有値分解**は$XA = \lambda A$となる固有値λと固有ベクトルAを求めることです。ここでλを大きい順に2つ選んで、XA_2を計算すると、前ページの式の主成分が2つ得られます。ちなみにλはもとデータの情報の割合に対応しています。いま大きい方から2つ選びました。仮にこの2つの固有値の和が、全体の情報量の80パーセントを占めるのであれば、XA_2も、もとのデータの8割の情報を表していると考えます。つまり、2つの合成変数（2次元）で、もとデータ（4次元）の8割を表現しているわけです。

$$z_1 = a_{11}x_1 + a_{21}x_2 + a_{31}x_3 + a_{41}x_4$$
$$z_2 = a_{12}x_1 + a_{22}x_2 + a_{32}x_3 + a_{42}x_4$$

合成変数が2つ(z_1, z_2)であれば、散布図で可視化できます。

別のデータを例に説明しましょう。3品種のアヤメ（菖蒲）150個体それぞれについて4種類の測定を行ったデータであるirisの共分散行列を求めると、次のようになります。

```
import numpy as np
from sklearn.datasets import load_iris
iris = load_iris()
iris_cov = np.cov(iris.data, rowvar=False)
iris_cov
```

```
array([[ 0.68569351, -0.042434  ,  1.27431544,  0.51627069],
       [-0.042434  ,  0.18997942, -0.32965638, -0.12163937],
       [ 1.27431544, -0.32965638,  3.11627785,  1.2956094 ],
       [ 0.51627069, -0.12163937,  1.2956094 ,  0.58100626]])
```

共分散行列は対称な行列です。対角線に1が並びその右上と左下に、同じ数値が対称に並んでいます。この行列の固有値と固有ベクトルは次のように求められます。この行列から固有値と固有ベクトルを求めてみましょう。

```
iris_eig, iris_vec = np.linalg.eig(iris_cov)
## 固有値を表示
print('固有値 {}'.format(iris_eig))
print('固有ベクトル {}'.format(iris_vec))
```

```
固有値 [4.22824171 0.24267075 0.0782095  0.02383509]

固有ベクトル
[[ 0.36138659 -0.65658877 -0.58202985  0.31548719]
 [-0.08452251 -0.73016143  0.59791083 -0.3197231 ]
 [ 0.85667061  0.17337266  0.07623608 -0.47983899]
 [ 0.3582892   0.07548102  0.54583143  0.75365743]]
```

固有値Aの最も大きい値は約0.36で、対応する固有ベクトルは0.361、-0.085、0.857、0.358です（上記の出力で固有値に対応する固有ベクトルは縦方向にみます）。共分散行列Σとその固有値の対角行列Λ（対角線の左上から固有値を大きい順に並べた行列）、そして固有ベクトルVには$\Sigma V = V\Lambda$、よって$\Sigma = V\Lambda V^T$という関係があります（V^Tは行列Vの行と列を入れ替えた、つまり横倒しにしたことを表します）。

確認してみましょう。 `np.dot()` を使って行列の積を求めます。また、`.T` は転値を表します。

```
np.dot(np.dot(iris_vec, np.diag(iris_eig)), iris_vec.T)
## 以下のようにしても同じ
# np.dot(np.sqrt(iris_eig) * iris_vec, (np.sqrt(iris_eig) * iris_vec).T)
```

```
array([[ 0.68569351, -0.042434  ,  1.27431544,  0.51627069],
       [-0.042434  ,  0.18997942, -0.32965638, -0.12163937],
       [ 1.27431544, -0.32965638,  3.11627785,  1.2956094 ],
       [ 0.51627069, -0.12163937,  1.2956094 ,  0.58100626]])
```

もとの分散共分散行列が確かに復元されています。

固有値を大きい順に2つ選び、対応する固有ベクトルを使うことで、4次元（4つの変数）だったもとデータ（iris）を、2次元（2つの主成分）で表すことできます。

```
iris_pca = np.dot(iris.data, iris_vec.T[:, :2])
iris_pca[:5, ]
```

```
array([[-1.20673343, -2.2134993 ],
       [-0.95071637, -1.83151408],
       [-1.09610845, -2.02043295],
       [-1.18299421, -1.81938239],
       [-1.30853097, -2.27806319]])
```

4つの測定値が記録されていたそれぞれの個体（アヤメ）が2つの主成分で表されました。ちなみに、4つ求められた固有値のうち、最初の2つの占める割合は約98パーセントになります。

```
np.sum(iris_eig[:2]) / np.sum(iris_eig)
```

```
0.9776852063187947
```

これは、もとデータの情報（分散）の約98パーセントが、主成分に含まれていると解釈できます。この結果を散布図にしてみましょう。

```
iris_pca_df = pd.DataFrame(iris_pca, columns=['PC1', 'PC2'])
iris_pca_df['Species'] = iris.target
sns.scatterplot(data=iris_pca_df, x='PC1', y='PC2', hue='Species')
```

```
<AxesSubplot:xlabel='PC1', ylabel='PC2'>
```

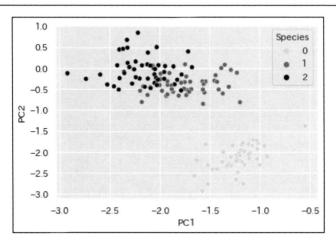

　完全ではありませんが、2次元の散布図上で、それぞれの個体の品種（数値の0,1,2で区別されている）がかなり分離されて描かれているのが確認できます。

　ちなみに、上記では説明のため固有値分解を実際に行いましたが、Pythonのライブラリには主成分を求めるのに必要な計算を行う関数（メソッド）があります。

　scikit-learnパッケージの **PCA** を使って主成分分析を実行すると次のようになります。なお、今回はseabornに付属するirisデータを使ってみます。

```
iris = sns.load_dataset('iris')
iris.head()
```

	sepal_length	sepal_width	petal_length	petal_width	species
0	5.1	3.5	1.4	0.2	setosa
1	4.9	3.0	1.4	0.2	setosa
2	4.7	3.2	1.3	0.2	setosa
3	4.6	3.1	1.5	0.2	setosa
4	5.0	3.6	1.4	0.2	setosa

標準化

一般に、主成分分析を行う場合、最初に各測定変数を標準化します。

たとえば、身長がメートル(1.8メートルなど)で体重がグラム(5800グラムなど)のように、単位が極端に異なっている場合があります。単位が大きい変数は分散も大きくなりますが、主成分分析は分散を情報としてとらえる手法であるため、単位の違いに強く影響されます。

そこで主成分分析では、始めにデータを**標準化**します。標準化とは平均値が0で標準偏差が1になるように調整することです。これは変数ごとに、すべての値について平均値を引き、標準偏差で割る処理です。

irisデータでは **sepal_width** と **petal_width** で測定値の大きさがかなり違います。このまま主成分分析を適用すると、**sepal_width** がより重要な変数であるかのように分析されてしまいます。そこで、4つの変数それぞれが平均値が0で標準偏差が1に統一されるように変えます。これにより、いずれの変数も重要度において変わらないと判断されるようになります。

標準化にはscikit-learnパッケージの **standardScaler** を使います。

```
from sklearn.preprocessing import StandardScaler
features = ['sepal_length', 'sepal_width', 'petal_length', 'petal_width']
x = iris.loc[:, features].values
y = iris.loc[:, ['species']].values
x = StandardScaler().fit_transform(x)
```

標準化した変数に **PCA()** を適用しますが、引数に最初の2つの主成分を利用することを指定します。結果は描画しやすいように、データフレームにまとめます。

```
from sklearn.decomposition import PCA
pca = PCA(n_components=2)
pca_fitted  = pca.fit_transform(x)
pca_df = pd.DataFrame(data = pca_fitted,
                      columns = ['PC1', 'PC2'])
pca_df['species'] = iris.species
pca_df
```

	PC1	PC2	species
0	-2.264703	0.480027	setosa
1	-2.080961	-0.674134	setosa
2	-2.364229	-0.341908	setosa
3	-2.299384	-0.597395	setosa
4	-2.389842	0.646835	setosa
...	...	...	...
145	1.870503	0.386966	virginica
146	1.564580	-0.896687	virginica
147	1.521170	0.269069	virginica
148	1.372788	1.011254	virginica
149	0.960656	-0.024332	virginica

150 rows × 3 columns

描画してみます。先にもとデータを標準化せず、手作業で固有値分解した結果から作成したグラフィックスとはやや印象が異なりますが、こちらも個体それぞれの品種をおおまかに識別できていることがわかります。

```
sns.scatterplot(data=pca_df, x='PC1', y='PC2', hue='species')
```

```
<AxesSubplot:xlabel='PC1', ylabel='PC2'>
```

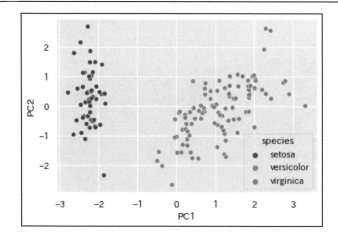

それでは、鴎外と漱石から抽出したバイグラムのデータを使って、主成分分析を実行してみましょう。目的は8つのバイグラム頻度から2つの主成分を作成し、散布図を描くことで、2人の作家を識別できるかどうかを試すことです。

今回のバイグラムデータの場合、いずれも2桁程度の数値です。しかし、繰り返しになりますが、それぞれの変数の大きさに違いがある場合、すべての変数の重要度が同じと見なされない場合があります。そこで標準化を行います。

irisの例では `StandardScale()` を使いましたが、ここでは手作業で実行してみましょう。データの各列（バイグラム）について、その平均値を引いて標準偏差で割る作業を行うには、**apply**と**ラムダ式**を利用するのが便利です。次のようなコードになります。

```
bigrams_std = bigrams_df.apply(lambda x: (x - x.mean())) / x.std(), axis = 0)
bigrams_std
```

すべての列について、その平均値を引いて標準偏差で割る作業を行うには、**apply()** とラムダ式を利用するのが便利です。

▌▌ラムダ式

Pythonにおいてラムダ式は**無名関数**ともいわれます。標準化の処理であれば、次のように関数をあらかじめ作成してから **apply()** を適用することも考えられたでしょう。

```
def standard(x):
    return (x - x.mean())/ x.std()

bigrams_std = bigrams_df.apply(standard, axis = 0)
```

ただし、わざわざ関数を定義しても1度しか使わない場合は、**apply()** の中で定義を書いていしまう方が簡潔です。ラムダ式はこうした場面で使われます。

ところで、先ほど、今回、鴎外と漱石からそれぞれ4編選んだ小説では、「が、」と「で、」それぞれで完全に2人の作家を識別できることを確認しました。そこで、ここではデータから、わざと「が、」列と「で、」列を削除し、残りの6列に主成分分析を適用することで2人の作家を識別できるか試してみましょう。

drop() で2列を削除したデータを標準化します。

```
writers_6var = bigrams_df.drop(['が、', 'で、'], axis=1)
writers_std = writers_6var.apply(lambda x: (x - x.mean()) / x.std(), axis = 0)
writers_std
```

	て、	と、	に、	は、	も、	ら、
ogai_gan	0.892852	0.317559	0.545436	1.315758	-1.161145	0.768867
ogai_kanoyoni	1.594146	-0.342964	2.213827	0.995167	1.467863	-0.568293
ogai_niwatori	0.061688	-0.597011	-0.673773	-0.714650	-0.460076	-0.167145
ogai_vita	-0.535711	-0.241345	0.032084	1.102031	0.766794	-0.434577
soseki_eijitsu	0.269479	2.299126	-0.352929	-0.447491	0.942061	1.704878
soseki_garasu	-1.626614	-0.851058	-0.352929	-0.500923	-1.161145	-0.702009
soseki_omoidasu	-0.795450	-0.597011	-0.930449	-0.340628	0.240992	-1.370588
soseki_yume	0.139610	0.012702	-0.481267	-1.409264	-0.635344	0.768867

データが標準化されていることを確認しましょう。 `apply()` には複数の関数をリストの形式で指定できます。

```python
import numpy as np
writers_std.apply([np.mean, np.std], axis=0)
```

	て、	と、	に、	は、	も、	ら、
mean	0.0	0.0	5.551115e-17	0.0	0.0	1.387779e-17
std	1.0	1.0	1.000000e+00	1.0	1.0	1.000000e+00

平均値として浮動小数点で0に限りなく近い数値が表示されている変数がありますが、これはコンピュータ内部の仕様による計算誤差であり、応用上は0になっていると判断して構いません。

■ scikit-learnライブラリの手順

Pythonのデータ分析では、scikit-learnライブラリを使う機会が多くなります。scikit-learnはさまざまな分析手法に対応していますが、データを扱い、分析用関数を適用する手順には共通性があります。

ここでは、scikit-learnでデータを分析する一連の流れを確認しましょう。

前項で読点データを手作業で標準化したところではありますが、これをscikit-learnでやり直しましょう。

```
## 必要なモジュールの読み込み
from sklearn.preprocessing import StandardScaler
## モジュールの初期化
std_sc = StandardScaler()
## データへの当てはめ
std_sc.fit(writers_6var)
## 実際に標準化を実行
std_writers = std_sc.transform(writers_6var)
## 確認しやすいようにデータフレームに変換
std_writers_df = pd.DataFrame(std_writers, columns = writers_6var.columns,
index=writers_6var.index)
std_writers_df
```

	て、	と、	に、	は、	も、	ら、
ogai_gan	0.954499	0.339485	0.583095	1.406605	-1.241317	0.821953
ogai_kanoyoni	1.704214	-0.366643	2.366680	1.063879	1.569211	-0.607530
ogai_niwatori	0.065947	-0.638231	-0.720294	-0.763993	-0.491842	-0.178685
ogai_vita	-0.572699	-0.258008	0.034300	1.178121	0.819737	-0.464582
soseki_eijitsu	0.288085	2.457869	-0.377297	-0.478388	1.007106	1.822591
soseki_garasu	-1.738923	-0.909819	-0.377297	-0.535509	-1.241317	-0.750479
soseki_omoidasu	-0.850372	-0.638231	-0.994692	-0.364146	0.257632	-1.465220
soseki_yume	0.149249	0.013579	-0.514496	-1.506566	-0.679211	0.821953

　一般に、scikit-learnではまずライブラリから分析目的に必要なモジュール（関数群）を
ロードし、これを初期化します。ここでは **StandardScaler()** がモジュール（関数）と
なるので、これを引数なしで実行します。これによりモジュールが初期化されます。これを
オブジェクト **std_sc** として保存しています。次に、初期化したオブジェクトと、対象とす
るデータに適合させ（ **fit()** ）、その上で **transform()** を使って実際に標準化を行
います。

　標準化に限らず、一般にscikit-learnでは、データの前処理としてこのような流れで作
業を進めます。適合と変換を **fit_transform()** で一度に行うこともできます（ただし、
後述するモデリングでは適合と変換を分けて行うことになります）。

　変換した結果は、numpyライブラリの配列となっているので、ここでは改めてデータフ
レームに変えています。ただし、これはデータを目視で確認しやすくし、かつグラフィックス
作成関数にデータを渡しやすくするための処理であり、分析上、絶対に必要というわけ
ではありません。

なお、先に手作業で標準化した出力と比較すると、**StandardScaler()** による標準化の結果は、やや数値が大きくなっていることにお気づきでしょうか。これは**標準偏差**（と分散）の計算方法が異なるためです。一般に、標本から求めた**分散**は、母集団の分散を過小評価する（小さく見積もる）ことがわかっています。そこで分散を求める際、分母にデータ数から1を減じた数値を使うと（$N - 1$と書かれます）、その期待値は母集団の分散に一致します。これを**不偏分散**といいます。

しかし、**StandardScaler()** では、分母としてデータ数がそのまま使われています。scikit-learnは機械学習でよく使われるツールですが、機械学習ではデータ数は非常に多いのが普通です。そのため、分母のデータ数として1を引いた値を使っても計算結果はほとんど変わりません。どうしても不偏分散を使う必要があれば、自分で計算式を書くか、あるいは**SciPy**ライブラリの **scipy.stats.zscore()** を使います。

▌▌▌ 主成分分析の実行

それでは、標準化したデータに主成分分析を適用してみましょう。scikit-learnの **PCA** モジュールを読み込んで初期化し、データに適用します。この手順も、モジュールを読み込み、初期化し、データに適合させて、実行するという流れになります。

```python
from sklearn.decomposition import PCA
## 主成分分析モジュールを初期化
pca = PCA()
## データに適用
pca.fit(std_writers_df)
## 分析を実行
writers_pca = pca.transform(std_writers_df)
## 主成分得点を表示するためデータフレームに
writers_pca_df = pd.DataFrame(writers_pca,
    columns=["PC{}".format(x + 1) for x in range(len(std_writers_df.columns))],
    index=std_writers_df.index)
writers_pca_df
```

	PC1	PC2	PC3	PC4	PC5	PC6
ogai_gan	1.177384	0.172596	1.895023	-0.685580	-0.266629	-0.114389
ogai_kanoyoni	2.903319	-1.834744	-0.293250	0.808681	0.252589	-0.063250
ogai_niwatori	-1.055168	0.063285	0.203755	0.648058	-0.442675	0.114862
ogai_vita	0.310709	-0.981240	-0.652978	-1.028880	-0.071364	0.349377
soseki_eijitsu	1.320118	2.828413	-0.954692	-0.379717	0.152317	-0.099849
soseki_garasu	-2.270792	-0.646225	0.390095	-0.316244	0.742960	-0.080967
soseki_omoidasu	-1.538758	-0.911874	-0.991922	-0.077406	-0.449078	-0.273622
soseki_yume	-0.846811	1.309789	0.403968	1.031088	0.081881	0.167838

SECTION-027 ■ 主成分分析

　最後に出力している表は、主成分得点です。主成分zの式のx（実測値）にバイグラムの実際の頻度を乗じて求めた値で、小説ごとの得点になります。

　なお、上記のコードの最後の2行は、求められた主成分得点をデータフレームに変え、インデックスとしてファイル名を、また列名として主成分番号を指定しています。

　列名 columns の指定が複雑に見えるかもしれませんが、ただPC1からPC6までの連番を作成するためにリスト内包表記を利用しているにすぎません。

　固有値ごとの情報量を確認してみましょう。

```
pca.explained_variance_ratio_
```

```
array([0.43769753, 0.31932291, 0.13241066, 0.081581  , 0.02332316,
       0.00566473])
```

　全体が1.0のうち、PC1でもとデータの情報（分散）の約44%が、またPC2が約32%を再現しているとみなせます。つまり、2つの主成分でもとデータの情報の76%が再現されていることになります。PC3まで含めると89%です。PC1とPC2だけを使って散布図を描いてみましょう。

```
%matplotlib inline
import matplotlib.pyplot as plt
import seaborn as sns
sns.set(style='darkgrid')
## 日本語を表示する準備
from matplotlib import rcParams
rcParams['font.family'] = 'sans-serif'
rcParams['font.sans-serif'] = ['Hiragino Maru Gothic Pro', 'Yu Gothic', 'Meirio',
'Takao', 'IPAexGothic', 'IPAPGothic', 'VL PGothic', 'Noto Sans CJK JP']
lbls = ['鴎外','鴎外','鴎外', '鴎外', '漱石', '漱石', '漱石', '漱石']
## 散布図を作成
ax = sns.scatterplot(data=writers_pca_df, x='PC1', y='PC2', style=lbls, hue=lbls)
## データ点に作品名を付記
for i, point in writers_pca_df.iterrows():
    ax.text(point['PC1'], point['PC2'], i)
```

79

02

Python演習

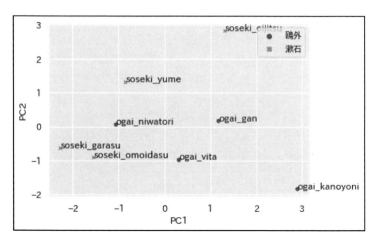

　おおむね左下に漱石が、また右上に鴎外が集まっています。鴎外の『鶏』だけは漱石の領域に近づいており、うまく分類ができていません。が、一般論としては、6つのバイグラムの頻度を個別に参照したとしても、書き手を判別するのは困難です。主成分分析で多数の情報を要約することで、書き手の特徴（文体的特徴といえるかもしれません）が明確化され、作品の判別が期待できるようになります。

　ちなみに、主成分の係数（固有ベクトル）は `.components_` という属性に保存されています。これは次のようにして確認できます。たとえば、主成分1（PC1）では「て、」の係数が0.539534で、「と、」の係数が0.295570ということになります。

```
print(pd.DataFrame(pca.components_,
    columns=std_writers_df.columns,
    index=["PC{}".format(x + 1) for x in range(len(std_writers_df.columns))]))
```

	て、	と、	に、	は、	も、	ら、
PC1	0.539534	0.295570	0.507076	0.396854	0.390066	0.234032
PC2	0.033505	0.592638	-0.320407	-0.362863	-0.091515	0.636359
PC3	0.259113	-0.200384	0.194097	0.224841	-0.853345	0.276190
PC4	0.514826	-0.321653	0.209694	-0.762399	0.063264	-0.047607
PC5	-0.595187	0.092860	0.737392	-0.252565	-0.047876	0.165232
PC6	-0.146107	-0.639673	-0.121745	0.123457	0.324007	0.659111

文章の正規化

　文章を解析してデータとして利用しようとする場合、実は辞書を整備するだけでは十分ではありません。たとえば、ある文章で西暦が「2021年」や「2021年」、「2,021年」と、3種類の表記が現れていたとします。しかし、この3つの表記に「意味的」な違いはあるでしょうか？　恐らくはないでしょう。そこで「2021年」や「2021年」、「2,021年」がそれぞれ1回出現したとカウントするよりは、「2021年」の統一して3回出現したとするほうが合理的ではないでしょうか。また、アルファベットや数字は全角で「ＡＢＣ１２３」、半角で「ABC123」と表示されます。意味は同じであるはずですが、コンピュータ内部ではまったく別の文字列として扱われます。他に、日本語のフォントには特殊な記号が用意されており、「印」には「㊞」という文字もあります。

　さらに複雑なのは結合文字です。「ドラえもん」の「ド」は1文字なのですが、実はMacでファイル名に日本語を使うと、「ド」は「ト」と「濁点」の**2文字**で表現されます。Windowsでは1文字です。Linuxであれば、ターミナルで次のように実行すると、その違い（あるいは表示が同じになること）が確認できます（ **\U** と数値アルファベットで表されているのが1文字相当し、1行目の **\U30C9** は'ド'を、2行目の **\U30C8\U3099** が、'ト'と'濁音'を表しています）。

```
echo -e "\U30C9ラえもん\n"
echo -e "\U30C8\U3099ラえもん\n"
```

　いずれも「ドラえもん」と表示されます。Windows（Linux）と、Macでは文字数が違ってきます。Macのファイル名では「ド」はUnicode2文字扱いなのです（ややっこしいですが、ファイル名ではなくファイルのテキスト本文として入力される場合の「ド」は1文字なのです）。

　こうした文字表記あるいは文字コードの違いを統一することを（文章の）**正規化**といいます。Pythonには**unicodedata**というライブラリがあり、文字列の正規化を実行できます。下記で、いくつか例を示しましょう。

```python
import unicodedata
text ='この印は１６８０円です。'
print(text)
print(unicodedata.normalize('NFKC', text))
text = 'この㊞は１６８０円です。'
print(text)
print(unicodedata.normalize('NFKC', text))
text = 'この印は￥1680です。（全角の￥）'
print(text)
```

▼

```
print(unicodedata.normalize('NFKC', text))
text = 'この印は1680エンです。'
print(text)
print(unicodedata.normalize('NFKC', text))
```

```
この印は１６８０円です。
この印は1680円です。
この㊞は１６８０円です。
この印は1680円です。
この印は￥1680です。（全角の￥）
この印は¥1680です。（全角の¥）
この印は1680エンです。
この印は1680エンです。
```

　ここで「NFKC」とあるのが正規化の方法の指定です。NFKCはNormalization Form Compatibility Compositionの略で、簡単にいうと、「で」を2文字で表現（結合）している場合は、最初から合成されている1文字の「で」に統合し、他方で見た目は違うが文字（上記の例では全角と半角、「印」と「㊞」）は統一することを表します。

　ただし、正規化によって文字数が増える場合もあります。下記の入力文字は1文字ですが、正規化を行うことで括弧などの記号が別文字として加わります。

```
text ='㈲'
print(unicodedata.normalize('NFKC', text))
text ='¼'
print(unicodedata.normalize('NFKC', text))
```

```
(有)
1⁄4
```

▮▮▮ 絵文字の扱い

　SNSでは**絵文字**が多用されますが、この扱いもテキストをデータとする場合には考慮が必要です。削除してしまうのが簡単ですが、unicodedataモジュールを使って対応する説明に置き換えることもできます。たとえば、😂は「FACE WITH TEARS OF JOY」に対応付けられます。

　まず削除する方法を紹介しましょう。`emoji.UNICODE_EMOJI` は絵文字の一覧で、英語、エスペラント語、ポルトガル語、スペイン語ごとに辞書として登録されています。下記では、英語版辞書で該当する絵文字が存在するかを確かめてみます。Anacondaを導入した場合は、`conda install emoji` でもインストールできます。

```
import emoji
## 絵文字をいくつか用意
emoji_letters = 'emojis = 🤗⭕🤓🤭🤘🦁☆ OK NG 禁🤐🤗🤖🤑⬆ UP! ⏩'
print(emoji_letters)
def remove_emoji(chars):
    return ''.join(c for c in chars if c not in emoji.UNICODE_EMOJI['en'])
print('絵文字を削除')
print(remove_emoji(emoji_letters))
```

```
emojis = 🤗⭕🤓🤭🤘🦁☆ OK NG 禁🤐🤗🤖🤑⬆ UP! ⏩
絵文字を削除
emojis =
```

　ちなみに、該当する絵文字の説明文章は次のようにemojiライブラリやunicodedataライブラリを使って取り出せます。

```
print(emoji.UNICODE_EMOJI['en']['🤗'])
```

```
:hugging_face:
```

```
print(unicodedata.name('🤗'))
```

```
HUGGING FACE
```

　demojiというライブラリを使って説明を表示させることもできます（入力した絵文字の順番と出力される順が異なります）。

```
import demoji
emoji_letters = '🤗⭕🤓🤭🤘🦁☆ OK NG 禁🤐🤗🤖🤑⬆ UP! ⏩'
demoji.findall(emoji_letters)
```

```
{'⭕': 'hollow red circle',
 '☆': 'star',
 '🤖': 'robot',
 '🤑': 'money-mouth face',
 '🤓': 'nerd face',
 '🤘': 'sign of the horns',
 '🦁': 'lion',
 '🤐': 'zipper-mouth face',
 '⏩': 'fast-forward button',
 '🤗': 'hugging face',
 'OK': 'OK button',
```

```
'🆖': 'NG button',
'㊙': 'Japanese "prohibited" button',
'🤔': 'thinking face',
'🆙': 'UP! button'}
```

URLも置換すべき対象となるでしょう。まとめて削除してしまうための正規表現にはいろいろありますが、たとえば「形態素解析前の日本語文書の前処理（Python）」というサイト[13]では次のように紹介されているので、これを一部変更した上で実行してみます。

```
import re
text_with_url = '日本語形態素解析をRで実行したい場合は https://rmecab.jp/
を参照'
print(re.sub(r'https?://[\w/:%#\$&\?\(\)~\.=\+\-]+', 'URL', text_with_url))
```

日本語形態素解析をRで実行したい場合は URL を参照

　他には、全角記号と半角記号の扱いも検討しなければならないかもしれません。また、「あああああ〜」などの文字列を「あ〜」に縮めるなど、テキスト分析では、その目的などによってさまざまな処理が必要になります。先に紹介した「形態素解析前の日本語文書の前処理（Python）」というページには、さまざまな前処理手順が紹介されているので、一度、ご覧になってください。なお、このサイトの解説では、文字列の正規化にneologd というライブラリが使われています。

　以上、急ぎ足でPythonとライブラリの基礎、またPythonによるデータ分析の例を紹介しました。続く章では、日本語を単語に分割し、その頻度をベースに分析する方法と手順を紹介していきます。

[13]：https://ohke.hateblo.jp/entry/2019/02/09/141500

CHAPTER 03

テキストマイニングの準備

本章ではテキストマイニングを行う前の準備として、
形態素解析器であるMeCabの導入方法を紹介します。

形態素解析器の導入

　前章でも述べたように、日本語テキストマイニングを実行するには文章を単語単位に分割するソフトウェアが必要です。これを形態素解析器といいます。

　形態素とは、文章において最小の意味単位となる要素のことです。要するに「単語」に近いのですが、形態素という場合、「単語」よりも小さな単位になることがあります。

　「食べた」は、日常的な感覚では1語でしょうが、形態素としては2つに分けられます。「食べる」という行為を表す成分と、「過去である」ことを表す成分です。つまり「食べ」と「た」の2つの形態素に分けられます。形態素解析では、単に文を形態素に分割するだけではなく、各形態素の品詞の推定までが目的に含まれます。「食べた」の場合、「食べ」が動詞（用言の連用形）で、「た」が（ここでは過去を表す）助動詞ということになります。さらに、「食べ」は動詞が活用した形態で、基本形は「食べる」であることまで推定されるのが普通です。

　日本語形態素解析器、あるいは日本語を形態素に解析する機能を持つソフトウェアは多数公開されています。有名な解析器に茶筌、MeCab、JUMANがあります。また、Pythonでの利用を前提に作成された解析器にJanomeやGiNZAがあります。

- JUMAN(http://nlp.ist.i.kyoto-u.ac.jp/?JUMAN)
  - 初期に開発された形態素解析器ですが、日本語の文法として益岡田窪文法に準拠しています。これを継承するJUMAN++も公開されています。
- MeCab(https://taku910.github.io/mecab/)
  - 標準としてIPA[1]という、標準的な日本語文法に準拠しています。非常に高速です。
- Janome(https://mocobeta.github.io/janome/)
  - MeCabやJumanと異なり、Pythonで開発された形態素解析なので、導入が容易です。
- GiNZA(https://megagonlabs.github.io/ginza/)
  - spaCy(https://spacy.io/)という多言語体対応の言語処理ライブラリで、日本語を解析するエンジンとして使われています。

　以上に挙げたのはごく一部に過ぎません。自身で、ぜひ検索してみてください。本書の説明では日本語の処理にMeCabを利用した結果を示していますが、JanomeまたはGiNZAについても説明します。

　なお、プログラミング言語のような機械の言語と区別して、人間の言語を自然言語と呼びますが、自然言語の本質は曖昧性にあり、形態素解析においても最適な解を見つけるのが困難なことがあります。

[1]：https://www.unixuser.org/~euske/doc/postag/

　たとえば、「くるまでまつ」というような文章が与えられたとします。これは「車で待つ」とも「来るまで待つ」ともとれます。このような曖昧性があるため、コンピュータに処理させようが、人手に任せようが、いずれにせよ日本語形態素解析の結果は完全なものとはなりません。

　そこで現実的な対応策として、日本語形態素解析器の出力に多少の間違いがあることは容認するか、あるいは可能な限り人間が修正を行うということになります。ただ、大量の文書を処理する場合、その出力をすべて人間がチェックして、必要があれば修正を加えるというのは、かなりの手間が必要であり、現実的ではありません。そこで、形態素解析器が間違った出力を出すのを事前に防ぐことが考えられます。これにはいくつかの方法がありますが、その1つがユーザー定義の辞書を追加することです。もう1つの方法が、デフォルトの辞書を最新の辞書に置き換えてしまうことです。

　次節から、日本語の代表的な形態素解析器であるMeCabを例に説明します。

MeCabの導入

MeCabは日本語の形態素解析を行うフリーのソフトウェアです。前節で説明しましたが、形態素解析ではテキストを形態素に分割し、各形態素について活用形や品詞を特定します。開発者の工藤拓氏によってに公開されています[2]。

Windowsでの導入

工藤氏のサイトではWindows版については32bitインストーラーのみが提供されています。現在のWindowsマシンはほとんどの場合、64bit環境でしょう。32bit版が64bit版のWindowsで動作しないことはないのですが、Pythonが64bit版の場合には連携させることができません。

そこで、MeCabを64bitのWindowsマシン用に作り直すことが必要になります。こうした64bit版MeCabがいくつか公開されています。本書では、MeCabを独自にビルドした「私家版MeCab」[3]を利用させてもらいます。

なお、導入によってお使いのパソコンに不具合が生じるとは思えませんが、筆者として保証するものではありません。公式に配布されているMeCabではないことに留意してください。

`mecab-64-0.996.2.exe` をダブルクリックしインストールしますが、デフォルトでは文字コードがUTF-8に設定された辞書がインストールされます（進行中にダイアログで辞書の文字コードを尋ねられることがあれば、必ずUTF-8を選択してください）。したがって、日本語のファイルをMeCabで分析させる場合には、そのファイルをUTF-8で保存しておく必要があります。

日本語版Windowsのデフォルトの文字コードはShift-JIS（CP932）です。最近のWindowsではUTF-8のファイルをダブルクリックしても文字化けすることはありませんが、たとえば、CSVファイルに全角文字が含まれている場合、文字コードをUTF-8にして保存すると、CSVファイルを開くデフォルトのアプリケーションであるExcelでは文字化けします（あるいは開けません）。

Macでの導入

Macには実はデフォルトでMeCabが入っているのですが、Pythonと連携させて利用できるようにはなっていません。

そこで、改めてインストールしますが、Windowsのようにインストーラーをダウンロードして、ダブルクリックでインストールというわけにはいきません。

インストールする方法として2つほど考えられます。1つはHomebrewという拡張システムをMacに導入して、このシステムを使ってMeCabをインストールする方法です。

[2]：http://taku910.github.io/mecab/
[3]：https://github.com/ikegami-yukino/mecab/releases/tag/v0.996.2

もう1つは、開発者の工藤氏のサイトからMeCabのソースコード（プログラムの設計書）
をダウンロードして、ユーザー自身でMeCabを構築する方法です。

どちらが簡単ということもないのですが、前者はMeCab以外のアプリケーションを導入
することにもなります。ここでは後者の方法を説明します。

いずれの場合も、Apple社から開発用のソフトウェアを追加でインストールする必要が
あります。ただ、その前に2つほど確認しておきます。

Macの左上のAppleアイコンをクリックし、「このMacについて」を選びます。ここで、自
身が使っているMacマシンがIntel版なのかM1版なのか、確認しておいてください。

次にアプリケーションフォルダのユーティリティフォルダに「ターミナル」というアプリケー
ションがあります。これを起動する前に、ターミナルのプロパティを確認します。ターミナル
のアイコン上でCtrlキーを押しながらクリックします。サブメニューが表示されるので、「情
報を見る」を選びます。

ここで「Rosettaを使用して開く」にチェックが入っていないかどうかを確認してくださ
い。前章でMacのアーキテクチャがM1（Apple Sillicon）の場合、Anacondaではなく
Miniforgeを使ってM1用のPython環境を構築することを推奨しました。

もしも導入されたPythonがM1用であれば、MeCabもM1用にビルドします。ビルドとい
うのは、ソースファイルからアプリケーションを作成することです。

この際、ターミナルを使いますが、Rosettaを使う設定がなされていると、M1用ではな
くIntel用のMeCabが作成されてしまいます。

ところが、ややっこしいのですが、M1にIntel用のPythonを導入することができます
（ユーザーが意識しないところでRosettaというソフトウェアがM1アーキテクチャとIntel
アーキテクチャの橋渡しを行います）。この場合はIntel用にビルドされたMeCabを用意
する必要があります。

ユーザーが気が付かないうちにターミナルがRosettaを利用している場合があります。
これを確認するため、ターミナルの「情報を見る」で「Rossetaを使用して開く」を確認す
るわけです。チェックが入っている場合で、M1用のPythonを使っている場合はチェック
を外し、ターミナルをいったん閉じて、起動し直します。

なお、本書ではMeCabをソースファイルからインストールする方法を説明しますが、Home
brewを使ってMeCabを導入する場合にもアーキテクチャについて注意が必要です。すな
わち、導入したHomebrewがM1対応なのか、Intel対応なのか、確認が必要です。

ソースファイルからインストール

　MacあるいはLinux環境でMeCabをソースファイルからインストールする方法を紹介します。なお、Linuxではそれぞれのディストリビューションごとに用意された開発環境をインストールしておきます（Ubuntuであれば **$ sudo apt install build-essential** を実行）。

　ソースファイルからのインストールでは、MeCab本体と辞書を別々に行います。最初にMeCab本体をインストールします。

　MeCabサイトから **mecab-0.996.tar.gz** を取得します。これを **Downloads** フォルダに保存したとします。

　ターミナルを起動し、ダウンロードフォルダに移動してビルドするため、次の命令を入力していきます。なお、繰り返しになりますが、MacでM1（Apple Sillicon）が搭載されているパソコンの場合、ターミナル環境でRosettaが有効になっていないように注意してください（ターミナルのプロパティで Rosseta にチェックが入っていないことを確認します）。

```
$ cd ~/Downloads
$ tar xf mecab-0.996.tar.gz
$ cd mecab-0.996
$ ./configure --with-charset=utf8
$ make
$ sudo make install
# Linux ユーザーは次の1行も追加で実行してください
$ sudo ldconfig
```

　続けて辞書IPADICをダウンロードし、ソースファイル **mecab-ipadic-2.7.0-20070801.tar.gz** からインストールします。

```
$ cd ~/Downloads
$ tar xf mecab-ipadic-2.7.0-20070801.tar.gz
$ cd mecab-ipadic-2.7.0-20070801
$ ./configure --with-charset=utf-8
$ make
$ sudo make install
## Linux ユーザーは次の1行も追加で実行してください
$ sudo ldconfig
```

　エラーが出ていなければインストールは完了です。

mecab-python3の導入

MeCabをPythonから利用するための準備を行います。Jupyterを起動し、セルに次のように入力して実行します。

```
!pip install mecab-python3
```

ちなみにPythonをAnaconda(あるいはMiniforge)でインストールした場合は **conda** という命令でライブラリをインストールすることもできます。

```
!conda install -c conda-forge mecab-python3
```

condaはPythonでライブラリをインストールする命令であるpipに該当します。どちらを使っても基本的には問題ないなずですが、バージョンに違いが生じる可能性はあります。本書では **pip** を使ってインストールすることを推奨します。

なお、MeCabを上記の手順でインストールしていればPythonはMeCab用の辞書の場所を認識できるはずですが、辞書を見つけられないというエラーが生じる場合はipadicライブラリを追加でインストールしてみてください。

```
!pip install ipadic
```

mecab-python3の利用方法は次章で説明します。

MeCabの辞書整備

　MeCabは同時にインストールされる辞書に基づいて解析を行っています。しかしながら、工藤氏のサイトからダウンロードできる辞書には専門用語や固有名詞などが十分に収録されているわけではありません。MeCabではユーザーの側で辞書に単語を追加できる仕組みがあります。ここでその方法を説明します。詳細は開発者の工藤氏のサイト[4]で確認することができますが、このサイトの説明ではUnix系OSでの作業が想定されています。そこで本書ではWindows版MeCabでユーザー独自の辞書を追加する方法を解説します。

　まず、辞書定義ファイルを用意します。たとえば、「基広」という個人名を新たに辞書として定義してみましょう。辞書を整備しない段階で「石田基広です」という文章をMeCabのウィンドウを開いて解析すると、次のような結果になります。

```
石田基広です
石田        名詞,固有名詞,人名,姓,*,*,石田,イシダ,イシダ
基          名詞,固有名詞,人名,名,*,*,基,ハジメ,ハジメ
広          形容詞,自立,*,*,形容詞・アウオ段,ガル接続,広い,ヒロ,ヒロ
です        助動詞,*,*,*,特殊・デス,基本形,です,デス,デス
```

　そこで、次のような内容を記載した定義ファイルを作成し、これをCSV形式のファイルとして保存します。ただし、注意するのはこのファイルの文字コードはUTF-8に設定することです。Windows 10の場合、アクセサリとしてインストールされている「メモ帳」を起動し、次のように記載します。ファイルを保存する際、「ファイルの種類」を「テキスト文書」とし、文字コードとしてUTF-8が選択されていることを確認します。

```
基広,-1,-1,1000,名詞,固有名詞,人名,名,*,*,基広,モトヒロ,モトヒロ
```

　ちなみに、このファイルはMeCabの標準的な出力とほぼ一致する辞書定義となっています。左から、「表層形」「左文脈ID」「右文脈ID」「コスト」「品詞」「品詞細分類1」「品詞細分類2」「品詞細分類3」「活用形」「活用型」「原形」「読み」「発音」となっています。左文脈IDと右文脈IDは-1を指定しておくと、MeCabが自動的に適当な数値に変換してくれます。コストはそのタームが出現する度合いを示し、この値が小さいほど現れやすいタームと判定されます。実行してみて解析がうまくいかない場合は、この値を小さくしていくとよいでしょう。こうした記述内容を、適当なファイル名で任意のフォルダに保存します。

　ここでは、Windowsユーザーを想定して説明を行います。作成した辞書ファイルを `motohiro.txt` としてCドライブの `data` フォルダ内（以下、`C:¥data` と表記）に保存しました。

　[4]：http://taku910.github.io/mecab/learn.html

次に、Windows付属のコマンドプロンプトから辞書の追加作業を行います。まず、アクセサリからコマンドプロンプトを起動します。フォルダを移動するコマンド **cd** を使って、MeCabのインストール先の **bin** フォルダに移動します。64bit版MeCabのデフォルトのインストール先は、**C:¥Program Files¥MeCab** となっているはずです。移動したら、MeCab辞書の位置するフォルダ名、生成したい独自辞書の名前、入出力ファイルの文字コード、そして先に作成したファイルを指定して、**mecab-dict-index.exe** を実行します。

下記の例では4行に分けて掲載していますが（行末の円マークが改行を指示する記号となります）、読者が実行する場合、長くなっても途中改行せず1行で入力した方がいいでしょう。

```
>cd /d C:¥Program Files¥MeCab¥bin
C:¥Program Files¥MeCab¥bin>mecab-dict-index.exe ¥
    -d "c:¥Program Files¥MeCab¥bin¥ipadic" ¥
    -u c:¥data¥motohiro.dic -f shift-jis -t shift-jis ¥
    c:¥data¥motohiro.txt
```

done! と表示されれば、辞書の生成は成功です。この例では **C:¥data** に **motohiro.dic** という辞書を生成したことになります。

MeCabがこの辞書を参照できるようにします。**C:¥Program Files¥MeCab¥etc** フォルダ内に **mecabrc** というファイルがあります。このファイルをWindowsのアクセサリにあるメモ帳などで開いて、末尾に次のように書き足します。ただし、Windowsのメモ帳でファイルを読み込む、あるいは書き込むには「ファイルの種類」を「すべてのファイル」に変更する必要があることに注意してください。さもなければ、拡張子が **.txt** で終わるファイル以外は開くことができず、また、保存の際には自動的に **.txt** が付与されてしまいます。

```
userdic = C:¥data¥motohiro.dic
```

ここで改めてデスクトップのMeCabを起動して次のように実行すると、次の結果が得られるはずです。

```
石田基広です。
石田      名詞,固有名詞,人名,姓,*,*,石田,イシダ,イシダ
基広      名詞,固有名詞,人名,名,*,*,もとひろ,モトヒロ,モトヒロ
です      助動詞,*,*,*,特殊・デス,基本形,です,デス,デス
。        記号,句点,*,*,*,*,。,。,。
```

NEologd辞書のインストール

　さて、MeCab標準の辞書はバージョンが20070801ともあるように、ここ数年の新語や造語には対応していません。たとえばMeCabのデフォルト辞書では「コロナ禍」が「コロナ」と「禍」の2単語に分割されます。これを1語として分割するために、ユーザー辞書を定義することも可能ですが、最新語をユーザー側で追加していたらきりがないでしょう。そこで、MeCab標準の辞書を、新語造語が追加されている辞書に置き換えます。**NEologd**辞書 (Neologism dictionary for MeCab) [5]という辞書があります。NEologd辞書を導入することで、「コロナ禍」を1語として扱うことができるようになります。

　インストールにはGitというリポジトリ管理システムが必要です。MacではXcode Command Line Toolsに付属しており、本章で説明した手順でMeCabをインストールした場合はすでにMacに導入されています。Linuxではディストリビューションの管理システムを使ってインストールしてください（Ubuntuであれば **$ sudo apt install git** とします）。WindowsではGitBash[6]をインストールするのが簡単でしょう。

　次に、NEologd 辞書のソースファイルをダウンロードします。なお、下記に示す手順は、2022年5月におけるNEologd辞書公開サイトでの説明によっています。実際にインストールする場合は、一度、サイトにアクセスし、最新の情報を確認してください。

　下記は、MacあるいはLinux のターミナルで実行する例ですが、Windowsであれば GitBashのコマンドプロンプトを使うのがよいでしょう（あるいはWindows付属のコマンドプロンプトないしPower Shellを使います）。

```
$ git clone --depth 1 https://github.com/neologd/mecab-ipadic-neologd.git >
/dev/null
$ cd mecab-ipadic-neologd/
$ ./bin/install-mecab-ipadic-neologd -n
```

　NEologd辞書のインストール先を次のコマンドで確認します。

```
$ echo `mecab-config --dicdir`"/mecab-ipadic-neologd"
/usr/local/lib/mecab/dic/mecab-ipadic-neologd
```

　上記に示す出力は筆者のパソコンでの実行例です。インストール先の情報は後で利用するので、確認しておいてください。

　NEologd辞書が有効になっているかどうか確認します。ここでMeCabが利用する辞書として、いま確認した辞書の場所を指定します。

---

[5]：https://github.com/neologd/mecab-ipadic-neologd
[6]：https://gitforwindows.org/

```
$ echo "コロナ禍で二度目のお正月を迎えます。" | mecab -d "/usr/local/lib/
mecab/dic/mecab-ipadic-neologd/"
コロナ禍    名詞,固有名詞,一般,*,*,*,コロナ禍,コロナカ,コロナカ
で         助詞,格助詞,一般,*,*,*,で,デ,デ
二         名詞,数,*,*,*,*,二,二,二
度目       名詞,接尾,助数詞,*,*,*,度目,ドメ,ドメ
の         助詞,連体化,*,*,*,*,の,ノ,ノ
お正月     名詞,一般,*,*,*,*,お正月,オショウガツ,オショーガツ
を         助詞,格助詞,一般,*,*,*,を,ヲ,ヲ
迎え       動詞,自立,*,*,一段,連用形,迎える,ムカエ,ムカエ
ます       助動詞,*,*,*,特殊・マス,基本形,ます,マス,マス
。         記号,句点,*,*,*,*,。,。,。
```

自身の環境での実行結果と比較してください。

CHAPTER 04

MeCabによる
形態素解析と
抽出語の選択

　本章では日本語の文章・テキストを統計的に分析するための基礎となる形態素解析器としてMeCabを利用する方法を解説します。

　MeCabをPythonで利用するにはmecab-python3ライブラリが必要となります。91ページを参考にMeCabを利用するモジュールを使えるようにしておいてください。

mecab-python3ライブラリの使い方

それでは、実際に形態素解析を実行してみましょう。下記で、簡単な例を示します。

```
import MeCab
tagger = MeCab.Tagger('-O wakati')
x = 'コロナ禍で二度目の正月を迎える。'
x_wakati = tagger.parse(x)
print(x_wakati)
```

> コロナ 禍 で 二 度 目 の 正月 を 迎える 。

　手順としては、まず **MeCab** モジュールをインポートし、**Tagger** クラスのオブジェクト(変数あるいはインスタンスともいいます)を生成します。この際、引数として **-O wakati** を指定すると、MeCabは入力された文章を形態素ごとに分割し(分かち書きし)、それぞれの間に半角スペースを挿入した結果を返します。実際に解析するには **parse()** に対象となる文字列を与えます。ここでは **x** にいったん文字列を代入して、この **x** を指定しています。

　なお、先にNEologd辞書を導入したにもかかわらず「コロナ禍」が1語(形態素)として扱われていません。これはデフォルトでMeCabが標準のIPA辞書を参照しているためです。そこで、NEologd辞書を参照するように指定します。**Tagger()** の引数に **-d** とNEologd辞書のパスを指定します(パスは筆者の環境における例です)。

```
tagger = MeCab.Tagger('-O wakati -d /usr/local/lib/mecab/dic/mecab-ipadic-
neologd')
x = 'コロナ禍で二度目の正月を迎える。'
x_wakati = tagger.parse(x)
print(x_wakati)
```

> コロナ禍 で 二 度目 の 正月 を 迎える 。

　MeCabの辞書のデフォルトをNEologdに変更することもできます。ただし、隠しファイルというのを作成する必要があります。

　MeCabをインストールすると、インストール先に **mecabrc** というファイルがあります。ソースからインストールした場合は、**/usr/local/etc** フォルダに **mecabrc** があります。これを自分のホームフォルダにドットで始まる隠しファイルとしてコピーし、次のように編集します。

```
;
; Configuration file of MeCab
;
; $Id: mecabrc.in,v 1.3 2006/05/29 15:36:08 taku-ku Exp $;
;
; dicdir =  /usr/local/lib/mecab/dic/ipadic
dicdir =  /usr/local/lib/mecab/dic/mecab-ipadic-neologd
; userdic = /home/foo/bar/user.dic

; output-format-type = wakati
; input-buffer-size = 8192

; node-format = %m\n
; bos-format = %S\n
; eos-format = EOS\n
```

　ただし、WindowsもMacも、デフォルトでは名前がドットで始まるファイルを保存できません。ファイル名を引用符で囲み、ファイルの種類を「すべて」にしておけば隠しファイルとして保存することができます。

　標準ではドットで始まるファイルはエクスプローラーやファインダーに表示されません。これは表示の設定で変更することができます。Windowsでは「エクスプローラー」のメニューの「表示」から、「隠しファイル」チェックボックスをONにするか、「フォルダオプション」の表示タブで、「隠しファイル、隠しフォルダー、および隠しドライブを表示する」をONにしておくとよいでしょう。詳細はGoogleなどで検索して調べてみてください。

品詞情報

　先にも述べたように、形態素解析には品詞情報の推定も含まれます。前節の **parse()** では品詞情報は出力されません。これらを出力するには **parseToNode()** を使います。ただし、この出力は、リストのリストのような入れ子の構造になっています。形態素の数だけリストが用意され、その要素は「表層語」「活用形等」の2つの要素を持つリストになっているのです。したがって、これらすべてを表示させるには繰り返し処理が必要になります。

　下記では **while** 文を使って、繰り返し処理をしています。

```
import MeCab
## NEologd 辞書を利用する
neologd = '-d /usr/local/lib/mecab/dic/mecab-ipadic-neologd'
tagger = MeCab.Tagger(neologd)
node = tagger.parseToNode('お寿司を食べた。')
while node:
    print (node.surface)
    print (node.feature)
    node = node.next
```

```
BOS/EOS,*,*,*,*,*,*,*,*
お
接頭詞,名詞接続,*,*,*,*,お,オ,オ
寿司
名詞,一般,*,*,*,*,寿司,スシ,スシ
を
助詞,格助詞,一般,*,*,*,を,ヲ,ヲ
食べ
動詞,自立,*,*,一段,連用形,食べる,タベ,タベ
た
助動詞,*,*,*,特殊・タ,基本形,た,タ,タ
。
記号,句点,*,*,*,*,。,。,。

BOS/EOS,*,*,*,*,*,*,*,*
```

　分割結果をここでは **node** というオブジェクトに保存しています。これは一種のリストで、繰り返し処理でここから要素(ここではリスト)を1つ取り出し、そのリストの要素2つを表示します。

一般にPythonのリストから要素を取り出すには添字を使いますが、**node** は特殊なオブジェクト(イテレーター)で、先頭の要素から次々とアクセスするための **next** という属性が用意されています。

繰り返しの最後(**while** 節の最後)で **node.next** とすることで、次の要素にアクセスできるようになるのです。 **node.next** が行頭からタブ1個分空けて記載されていることに注意してください。

ノードの各要素は、リストで2つの要素で構成されています。その最初の要素を**表層形**と呼び、文中で出現した形になります。前ページのコードでは **node.surface** に対応します。「食べた」であれば、動詞部分の「食べ」が表層語になります。

2つ目の要素は品詞に関わる情報で、全部で9つの品詞情報がカンマ区切りで並べられた文字列です。前ページのコードでは **node.feature** に対応します。「食べ」であれば次の要素からなります。

品詞	品詞 細分類1	品詞 細分類2	品詞 細分類3	活用型	活用形	基本形	読み	発音
動詞	自立	*	*	一段	連用形	食べる	タベ	タベ

MeCabで採用されている品詞分類は**IPA品詞体系**[1]に基づいています。形態素によっては未定義の項目があり(品詞細分類2や品詞細分類3、基本形など)、この場合は ***** となっています。

実際の分析においては **node.feature** のうち、特定の要素だけを取り出すことになるでしょう。本書では、「品詞」「品詞細分類1」「基本形」を主に利用します。 **node.feature** は、要素がカンマで区切られているため、**split()** でカンマごとに分割して品詞、品詞細分類1、基本を取り出すことができます。先ほどのコードを次のように書き直してみます。

```
node = tagger.parseToNode('お寿司を食べた。')
while node:
    elem = node.feature.split(',')
    print(elem[0], elem[1], elem[6])
    node = node.next
```

```
BOS/EOS * *
接頭詞 名詞接続 お
名詞 一般 寿司
助詞 格助詞 を
動詞 自立 食べる
助動詞 * た
記号 句点 。
BOS/EOS * *
```

[1]：その一覧はhttps://www.unixuser.org/~euske/doc/postag/#chasenで確認できます。

　　split() によって文字列をカンマで切り分けてるのですが、ここで利用するのはそのうち1番目(添字は0)の「品詞」と2番目の「品詞細分類1」、そして7番目の「基本形」です。

　　なお、MeCabでは、文章の始まりと終わりに品詞情報として **BOS** (Begin of Sentence) と **EOS** (End of Sentence)が設定されています。その表層形は空(**''**)になっています。これを表示させたくない場合は **node.surface!=''** というコードで条件分岐して、表層形が空の場合は処理をスキップするようにするとよいでしょう。

```
text = 'お寿司を食べた。'
node = tagger.parseToNode(text)
while node:
    if node.surface != '':
        elem = node.feature.split(',')
        print(node.surface, elem[0], elem[1], elem[6])
    node = node.next
```

```
お 接頭詞 名詞接続 お
寿司 名詞 一般 寿司
を 助詞 格助詞 を
食べ 動詞 自立 食べる
た 助動詞 * た
。 記号 句点 。
```

　　ところで、NEologd辞書を使っても形態素分割が正しく行われない場合もあります。

```
import MeCab
print('ipadic')
tagger = MeCab.Tagger('-d /usr/local/lib/mecab/dic/ipadic/')
x = '今日の午後は生協でランチを食べました'
x_wakati = tagger.parse(x)
print(x_wakati)
print('NEologd')
tagger = MeCab.Tagger('-d /usr/local/lib/mecab/dic/mecab-ipadic-neologd/')
x = '今日の午後は生協でランチを食べました'
x_wakati = tagger.parse(x)
print(x_wakati)
```

```
ipadic
今日    名詞,副詞可能,*,*,*,*,今日,キョウ,キョー
の      助詞,連体化,*,*,*,*,の,ノ,ノ
午後    名詞,副詞可能,*,*,*,*,午後,ゴゴ,ゴゴ
は      助詞,係助詞,*,*,*,*,は,ハ,ワ
生      名詞,形容動詞語幹,*,*,*,*,生,ナマ,ナマ
協      名詞,接尾,一般,*,*,*,協,キョウ,キョー
で      助詞,格助詞,一般,*,*,*,で,デ,デ
ランチ  名詞,一般,*,*,*,*,ランチ,ランチ,ランチ
を      助詞,格助詞,一般,*,*,*,を,ヲ,ヲ
食べ    動詞,自立,*,*,一段,連用形,食べる,タベ,タベ
まし    助動詞,*,*,*,特殊・マス,連用形,ます,マシ,マシ
た      助動詞,*,*,*,特殊・タ,基本形,た,タ,タ
EOS

NEologd
今日    名詞,副詞可能,*,*,*,*,今日,キョウ,キョー
の      助詞,連体化,*,*,*,*,の,ノ,ノ
午後    名詞,副詞可能,*,*,*,*,午後,ゴゴ,ゴゴ
は生    名詞,サ変接続,*,*,*,*,派生,ハセイ,ハセイ
協      名詞,接尾,一般,*,*,*,協,キョウ,キョー
で      助詞,格助詞,一般,*,*,*,で,デ,デ
ランチ  名詞,一般,*,*,*,*,ランチ,ランチ,ランチ
を      助詞,格助詞,一般,*,*,*,を,ヲ,ヲ
食べ    動詞,自立,*,*,一段,連用形,食べる,タベ,タベ
まし    助動詞,*,*,*,特殊・マス,連用形,ます,マシ,マシ
た      助動詞,*,*,*,特殊・タ,基本形,た,タ,タ
EOS
```

　ipadic辞書では「生協」が分割されてしまっていますが、一方のNEologd辞書でも「午後は生協」の一部が「は生」と分割され、その基本形が「派生」となってしまっています。

ユーザー辞書

　繰り返しになりますが、MeCabの辞書は完璧ではありません。筆者の名である「基広」は登録されていないため、通常の辞書では「基」と「広」に分割されてしまいます（ちなみに、NEologdだと「石田基広」という固有名詞1語と見なされます）。

　前章でユーザー辞書の作成については説明しましたが、NEologd辞書とユーザー辞書をあわせて使う方法を説明します。

```
import MeCab
tagger = MeCab.Tagger('-d /usr/local/lib/mecab/dic/ipadic/')
x = '石田基広'
x_wakati = tagger.parse(x)
print(x_wakati)
```

```
石田      名詞,固有名詞,人名,姓,*,*,石田,イシダ,イシダ
基        名詞,固有名詞,人名,名,*,*,基,ハジメ,ハジメ
広        形容詞,自立,*,*,形容詞・アウオ段,ガル接続,広い,ヒロ,ヒロ
EOS
```

　このような語であれば、ユーザーが独自に辞書を作成して、MeCabに指定することになります。前節でも紹介しましたが、ここで確認のため再掲しますが、Ubuntu（Mac）で実行する例を示しましょう。

　ユーザー辞書を作成するには、形態素とその品詞情報、また出現頻度の重みなどを指定します。

```
基広,,,123,名詞,固有名詞,人名,名,*,*,もとひろ,モトヒロ,モトヒロ
```

　左から、「表層形」「左文脈ID」「右文脈ID」「コスト」「品詞」「品詞細分類1」「品詞細分類2」「品詞細分類3」「活用型」「活用形」「原形」「読み」「発音」を指定しています。左文脈IDと右文脈IDは空白のままにしておくと、自動的に振られます。コストは小さいほど出現しやすくなります。詳細はMeCabサイト[2]を参照いただくとして、この辞書をMeCabで利用できるようにするには、辞書をコンパイルし、任意のディレクトリ（フォルダ）に配置しておきます。上記の書式のユーザー辞書定義を `ishida.csv` としてホームディレクトリに保存したとしましょう。下記は筆者の環境（Ubuntu）での作業方法になります。

```
$ /usr/local/libexec/mecab/mecab-dict-index -d /usr/local/lib/mecab/dic/
ipadic/ -u ~./ishida.dic -f utf-8 -t utf-8 ~./ishida.csv
```

[2] : https://taku910.github.io/mecab/dic.html

これにより **user.dic** というファイルが生成されるので、MeCabの **Tagger** インスタンスを生成する際に指定します。

```
path = '-d /usr/local/lib/mecab/dic/mecab-ipadic-neologd -u /home/ishida/
ishida.dic'
tagger = MeCab.Tagger(path)
x = '石田基広'
x_wakati = tagger.parse(x)
print(x_wakati)
```

```
石田      名詞,固有名詞,人名,姓,*,*,石田,イシダ,イシダ
基広      名詞,固有名詞,人名,名,*,*,基広,モトヒロ,モトヒロ
EOS
```

SECTION-037

自作関数のモジュール化

　さて、形態素解析の結果を使って分析を行う場合、利用する品詞情報は多くの場合ほぼ同じになるでしょう。具体的には、名詞や動詞、形容詞のみを抽出してデータとしたいことがあります。先に見たように、形態素ごとの品詞情報は node.feature というリストの最初（つまり0番目）の要素です。そこで、最初の要素が名詞か動詞、あるいは形容詞だった場合だけ形態素をデータとして取り出せばよいわけです。そこで、3品詞だけを取り出す処理を関数として定義してしまいましょう。また、関数定義を別ファイルとして保存して、これをモジュールとして読み込む方法を紹介します。

　まずモジュール名をファイル名としたPythonのスクリプトファイルを用意します。ここでは my_mecab.py とします。 .py はPythonのスクリプトであることを示す拡張子です。このファイルに次のようなコードを記述します。

　なお、1行目の # -*- coding: utf-8 -*- は、このスクリプトの文字コードがUTF-8であることを示しています。Pythonで文字列を扱う際には、文字コードはUTF-8とします（ですので、デフォルトの文字コードがShift-JISであるWindowsユーザーの方は注意してください）。

　mecab-ipadic-neologd は利用している環境に合わせる必要があります。もしも、わからない場合は、path = '' と置き換えてください。

```
# -*- coding: utf-8 -*-

import MeCab

path = '-d /usr/local/lib/mecab/dic/mecab-ipadic-neologd -u /home/ishida/
ishida.dic'
## 辞書の場所がわからない場合
## path =""

tagger = MeCab.Tagger(path)

def tokens(text, pos = ['名詞','形容詞','動詞']):
    node = tagger.parseToNode(text)
    word_list = []
    while node:
        if node.surface != '':
            elem = node.feature.split(',')
            term = elem[6] if elem[6] != '*' else node.surface
            if len(pos) < 1 or elem[0] in pos:
                word_list.append(term)
```

▼

```
        node = node.next
    return word_list

if __name__ == '__main__':
    out = tokens('ランチを食べました。')
    print(out)
```

Tagger() にNEologd辞書を指定しています。このスクリプトでは、デフォルトで名詞と形容詞、動詞である場合だけ形態素解析を抽出するようになります。実行時に **pos** 引数に品詞のリストを渡すと、指定された品詞だけ取り出します。また、すべての品詞を抽出したい場合もあります。このスクリプトファイルでは **pos** 引数に空のリスト（ **[ ]** ）を指定すると、品詞を問わず、すべての形態素を抽出するようにします。そのため、**len(pos)<1** を追加しました。つまり、**pos** に空のリストが渡された場合（つまり要素数が1未満であれば）、形態素解析の結果をすべて取り出します。

また、このスクリプトでは、MeCabの出力である品詞情報のうち、基本形に関する項（添字で6番の要素）が ***** ではない場合、形態素として基本形（Pythonの添字で6番目）を返します（もし、基本形より表層形が望ましいのであれば、**term = node.surface** とします）。

このスクリプトを **my_mecab.py** という名前で保存し、Jupyterを起動しているフォルダに保存しておけば、**import my_mecab** とすることで形態素解析を実行する準備ができることになります。なお、**if __name__ == '__main__':** 以下の命令はこのスクリプトをターミナル（コマンドプロンプト）などで単独に実行するための命令です。ターミナルで **python my_mecab.py** と入力してEnterキーを押すと、「ランチを食べました」という文章を形態素解析した結果を表示します。

```
## Jupyterの参照するデフォルトのフォルダを確認
import os
print(os.getcwd())
```

```
/mnt/myData/GitHub/textmining_python/textmining/docs
```

```
## ここに my_mecab.py が保存されているか確認
import glob
files = glob.glob('*.py')
for file in files:
    print(file)
```

```
import my_mecab
out = my_mecab.tokens('ランチを食べました。')
print(out)
```

107

```
['ランチ', '食べる']
```

　スクリプトを保存する際、ファイル名が他のモジュールや関数とかぶらないように注意してください。ここではファイル名の先頭に my_ を付記して、他のファイルとの衝突を避けています。

ストップワード

いま「今日はこの本を読んで過ごした。」を形態素解析してみると、次のような結果になります。

```python
import MeCab
text = '今日はこの本を読んで過ごした。'
tagger = MeCab.Tagger()
node = tagger.parseToNode(text)
while node:
    if node.surface != '':
        elem = node.feature.split(',')
        print(node.surface, elem[0])
    node = node.next
```

```
今日 名詞
は 助詞
この 連体詞
本 名詞
を 助詞
読ん 動詞
で 助詞
過ごし 動詞
た 助動詞
。 補助記号
```

「は」や「を」のような助詞は日本語の重要な要素ではありますが、日本語である限り、どんな内容の文章にも必ず出現する形態素といえます。一方で、テキストマイニングでは、文章（あるいは、より大きな単位である文書あるいはテキスト）の内容が重要になる場合が多くなります。文章の文法的な構造を理解するのに重要な役割を果たす語を**機能語**、文章の意味内容を伝える語を**内容語**として区別することがあります。日本語で大雑把にあてはめると、内容語とは名詞や形容詞、動詞にあたり、これらは文章の内容を直接表現する形態素であると言えるでしょう。一方、機能語は助詞などであり、文章を文法的に成立させるために必要な形態素になります。

テキストの内容を分析するため、形態素解析の結果から機能語を削除したい場合があります。このためには、分割された形態素ごとにその品詞情報を参照して、必要でない形態素はスキップします。

次のコードで **not in** の部分が該当する場合はスキップすることを表しています。

```
text = 'これは良い本だから、もう一度、あとで読み直そう。'
func_words = ['助詞', '記号']

node = tagger.parseToNode(text)
while node:
    if node.surface != '':
        elem = node.feature.split(',')
        if elem[0] not in func_words:
            print(node.surface, elem[0], elem[1], elem[6])
    node = node.next
```

```
これ 名詞 代名詞 これ
良い 形容詞 自立 良い
本 名詞 一般 本
だ 助動詞 * だ
もう一度 副詞 一般 もう一度
あと 名詞 一般 あと
読み直そ 動詞 自立 読み直す
う 助動詞 * う
```

`if elem[0] not in func_words:` という条件文で、品詞情報(`elem[0]`)が、最初の方で定義した `func_words` というリストに含まれていない場合だけ、出力を表示するという処理を行っています。

このようにして機能語を削除することができました。ところで、出力には「これ」という形態素が含まれています。これは名詞なのですが、ごくありふれた語であり、テキストあるいは文章の固有の意味を分析しようとする場合、機能語と同じように取り除きたい形態素です。「これ」の場合、品詞細分類1は「代名詞」として判断されています。代名詞も機能語の1つと考え、品詞細分類1の情報を使うことで、削除できるでしょう。さらにいうと、特に「一」や「六」のような数詞が重要とは思われないのであれば、やはり品詞細分類1の情報を使って削除することができます。

```
text = 'これは良い本だから、もう一冊買って、永久保存版にしよう。'
func_words = ['助詞','記号']
func_subwords = ['代名詞', '数', '*']
node = tagger.parseToNode(text)
while node:
    if node.surface != '':
        elem = node.feature.split(',')
        if elem[0] not in func_words:
            if elem[1] not in func_subwords:
                print(node.surface, elem[0], elem[1], elem[6])
    node = node.next
```

```
良い 形容詞 非自立可能 ヨイ
本 名詞 普通名詞 ホン
、 補助記号 読点
一 名詞 数詞 イチ
冊 接尾辞 名詞的 サツ
買っ 動詞 一般 カウ
、 補助記号 読点
永久 名詞 普通名詞 エイキュウ
保存 名詞 普通名詞 ホゾン
版 名詞 普通名詞 ハン
しよう 動詞 非自立可能 スル
。 補助記号 句点
```

　一般にテキストに出現する形態素は非常に多くなるため、これをまとめたデータも大きなサイズになり、データ分析に負荷がかかることになります。そこで、分析目的に支障が生じない範囲で、対象とする形態素を絞り込んでおくとよいかもしれません。

　MeCab出力の品詞細分類の情報をうまく組み合わせることで、必要とする形態素を絞り込んでいくことができます。とはいえ、MeCabの品詞分類はかなり細かいため、指定する組み合わせを検討するのは相当の試行錯誤が必要になるでしょう。

　MeCabの品詞情報を利用せず、機能語と判断される形態素をあらかじめリストにしておいて、これと照合することで不要語を一気に削除してしまう方法もあります。こうしたリストを**ストップワード**といいます。分析目的にあわせてストップワードを自身で作成するのがベストですが、公開されているリストを利用することもできます。こうしたリストとして、京都大学情報学研究科社会情報学専攻田中克己研究室が公開しているSlothLib[3]があるので、ここで利用させてもらいましょう。

　下記では、Pythonを使ってSlothLibリストのダウンロードと読み込みを行っています。

```
import urllib.request
url = 'http://svn.sourceforge.jp/svnroot/slothlib/CSharp/Version1/SlothLib/
NLP/Filter/StopWord/word/Japanese.txt'
urllib.request.urlretrieve(url, 'stopwords.txt')
stopwords = []
with open('stopwords.txt', 'r', encoding='utf-8') as f:
    stopwords = [w.strip() for w in f]
```

　形態素のうち、取り込んだストップワードのリストに含まれている要素を削除するには、次のようにします。

```
while node:
    if node.surface != '':
        elem = node.feature.split(',')
        if elem[6] not in stopwords:
            print(node.surface, elem[0], elem[1], elem[6])
    node = node.next
```

先ほどの **my_mecab.py** にストップワードを指定する機能を付けてみましょう。 **my_mecab.py** を開き、次のように修正を加えた上で、ファイル名を **my_mecab_stopwords.py** として保存し直しましょう。

```
# -*- coding: utf-8 -*-

import MeCab

path = "-d /usr/local/lib/mecab/dic/mecab-ipadic-neologd -u /home/ishida/
ishida.dic"
tagger = MeCab.Tagger(path)
def tokens(text, pos=['名詞','形容詞','動詞'], stopwords_list=[]):
    text = ''.join(text.split())
    node = tagger.parseToNode(text)
    word_list = []
    while node:
        if node.surface != '':
            elem = node.feature.split(',')
            term = elem[6] if elem[6] != '*' else node.surface
            if term not in stopwords_lists:
                if len(pos) < 1 or elem[0] in pos:
                    word_list.append(term)
        node = node.next
    return word_list

if __name__ == '__main__':
    out = tokens('今日の午後は八宝菜を食べました。')
    print(out)
```

引数 **stopwords_list** を追加しました。ストップワードが指定された場合は、形態素解析の結果とリストの照合を行います。次のように利用します。モジュール名が **my_mecab_stopwords** と長くなったので、**as** を使って **mcb** として短縮形が使えるようにします。

```
import my_mecab_stopwords as mcb
out = mcb.tokens('これは良い本です。', stopwords_list=stopwords)
print(out)
```

```
['良い', '本']
```

　分析の対象とする形態素の選択にあたっては、さらに出現回数（頻度）が極端に多い、あるいは少ない形態素を削除することも考えられます。これらについては、以降の実践例の紹介で取り上げます。

CHAPTER 05

Janome

　本章では、形態素解析器であるJanomeについて紹介します。

Janomeとは

　JanomeはPython言語で作成された形態素解析器です。MeCabとは異なり、別のソフトウェアのインストールを前提としません。ただし、解析対象の文章（テキスト）のサイズが大きくなると、解析に時間がかかることが欠点となります。大規模なテキスト群を対象とする場合は、MeCabを使うほうがストレスがありません。

　Anaconda Promptを起動します。Amacondaのインストール時にオプションとして「Just Me」ではなくシステム全体へのインストールを行った場合は、右クリックして「その他」→「管理者として起動」として起動します。次のようにコマンドを実行し、Janomeをインストールします。

```
conda install -c conda-forge janome
```

　上記のコマンドが機能しない場合は、次のようにします。

```
pip install janome
```

　インストールしたら、Janomeを試してみましょう。なお、手順の流れはMeCabの場合とおおむね同じになります。MeCabの章で説明した事柄の繰り返しが多くなることをお断りしておきます。

```
from janome.tokenizer import Tokenizer

t = Tokenizer()
toks = t.tokenize('すもももももももものうち')

for tok in toks:
    print(tok)
```

```
すもも    名詞,一般,*,*,*,*,すもも,スモモ,スモモ
も      助詞,係助詞,*,*,*,*,も,モ,モ
もも     名詞,一般,*,*,*,*,もも,モモ,モモ
も      助詞,係助詞,*,*,*,*,も,モ,モ
もも     名詞,一般,*,*,*,*,もも,モモ,モモ
の      助詞,連体化,*,*,*,*,の,ノ,ノ
うち     名詞,非自立,副詞可能,*,*,*,うち,ウチ,ウチ
```

　さて、上記の命令が何をして、何を出力しているのかを確認します。
　まず、下記はPythonにおいて、ライブラリ（モジュール）を導入する典型的な方法です。

```
from janome.tokenizer import Tokenizer
```

　下記は、**Tokenizer()** で、これから形態素解析を行うためのオブジェクト **t** を生成する命令です。この **t** を使って、文章を形態素に分割していきます。

```
t = Tokenizer()
```

　次の書式で文章を形態素解析にかけます。

```
t.tokenize('日本語の文章')
```

　ここでは結果を **toks** というオブジェクト（名前）に保存しています。この **toks** の中身はリストです。つまり、複数の要素が入っています。

　そこで **for** 命令を使って1つずつ取り出し、**tok** というオブジェクトに保存してから出力しています。

形態素

形態素は「意味の最小の単位」のことで、単語に近いですが、厳密には違う概念です。たとえば、次のように形態素解析してみます。

```
toks = t.tokenize('ご飯を食べた')
for tok in toks:
    print(tok)
```

```
ご飯      名詞,一般,*,*,*,*,ご飯,ゴハン,ゴハン
を        助詞,格助詞,一般,*,*,*,を,ヲ,ヲ
食べ      動詞,自立,*,*,一段,連用形,食べる,タベ,タベ
た        助動詞,*,*,*,特殊・タ,基本形,た,タ,タ
```

「食べた」は2つの形態素、行為を表す動詞「食べる」と過去を表す助動詞「た」とで構成されています。

Janomeの解析結果の確認

　tokenize() は形態素解析の結果をリストとして返しますが、リストの要素それぞれに surface（表層形）、part_of_speech（品詞）、infl_type（活用型1）、infl_form（活用形2）、base_form（基本形、見出し語）、reading（読み）、phonetic（発音）という要素があります。これらを出力してみましょう。

```
toks = t.tokenize('西郷隆盛はご飯を食べた。')
for tok in toks:
    print('表層形 :' + tok.surface)
    print('品詞情報 :'+ tok.part_of_speech)
    print('活用形１ :'+ tok.infl_type)
    print('活用形２ :'+ tok.infl_form)
    print('基本形 :'+ tok.base_form)
    print('読み :'+ tok.reading)
    print('--------------------')
```

```
表層形 :西郷
品詞情報 :名詞,固有名詞,人名,姓
活用形１ :*
活用形２ :*
基本形 :西郷
読み :サイゴウ
--------------------
表層形 :隆盛
品詞情報 :名詞,固有名詞,人名,名
活用形１ :*
活用形２ :*
基本形 :隆盛
読み :タカモリ
--------------------
表層形 :は
品詞情報 :助詞,係助詞,*,*
活用形１ :*
活用形２ :*
基本形 :は
読み :ハ
--------------------
表層形 :ご飯
品詞情報 :名詞,一般,*,*
```

活用形１：*
活用形２：*
基本形：ご飯
読み：ゴハン

表層形：を
品詞情報：助詞,格助詞,一般,*
活用形１：*
活用形２：*
基本形：を
読み：ヲ

表層形：食べ
品詞情報：動詞,自立,*,*
活用形１：一段
活用形２：連用形
基本形：食べる
読み：タベ

表層形：た
品詞情報：助動詞,*,*,*
活用形１：特殊・タ
活用形２：基本形
基本形：た
読み：タ

表層形：。
品詞情報：記号,句点,*,*
活用形１：*
活用形２：*
基本形：。
読み：。

ファイルからの読み込み

　さて、前節では `tokenzie()` に日本語の文章を直接指定しましたが、一般には、別に用意されたファイルから文章を読み込むのが普通です。まずファイルを用意します。

　次のように書かれたファイル `short.txt` を用意します。

国境の長いトンネルを抜けると雪国であった。

　Windowsではメモ帳を使うことができますが、保存の際、文字コードとしてUTF-8を選んでください。このファイルを、下記で表示されるフォルダに保存します。

```
import os
os.getcwd()
```

```
'/mnt/myData/GitHub/textmining_python/textmining/docs'
```

　本書では、基本的にファイルはUTF-8で作成します。Windowsの方は、メモ帳でファイルを保存する際に、文字コードを指定することを忘れないでください。

　ちなみに、Windowsを使っている方はTeraPad[1]などのエディタというアプリケーションをインストールするして利用することをおすすめします。TeraPadを使う場合、まず先ほど用意した **short.txt** ファイルの上で右クリックし、「プログラムから開く」で「別のプログラムを選択」を選択し、「常にこのアプリを使って.txtファイルを開く」にチェックを入れ、Cドライブのプログラム Files（x86）のTeraPadからTeraPad.exeを選択しておきます。以降、拡張子が **.txt** のファイルをダブルクリックすると、自動的にTeraPadが起動します。

　また、Windowsでは拡張子（.txt）が標準では表示されません。「エクスプローラー」のメニューの「表示」から、「ファイル名拡張子」チェックボックスをONにするか、「フォルダオプション」の表示タブで、「登録されている拡張子は表示しない」チェックボックスをOFFにしておくとよいでしょう。

　なお、メモ帳以外のアプリケーションでファイルを作成、保存する際、「BOM付きUTF-8」という選択肢があるかもしれませんが、これは選択しない方が無難でしょう（Pythonでデータ分析をする場合、BOM付きで保存されたファイルであっても問題が生じることはないとは思われますが、念のために）。

```
## テキストファイルの読み取り
f = open('short.txt', 'r', encoding='utf-8')
text = f.read()

t = Tokenizer()

for token in t.tokenize(text):
    print(token.surface)

## テキストファイルを閉じる
f.close()
```

```
国境
の
長い
トンネル
を
抜ける
と
雪国
で
あっ
た
。
```

　open() を使ってファイルを読み込むためのオブジェクトを用意します。ここではファイルの文字コードとしてUTF-8を指定したので、**encoding** という引数を追加しています。MacやLinuxならば、文字コードの指定は不要ですが、あえて指定しておいても構いません。Pythonでは、デフォルトでは利用しているパソコンの標準文字コードでファイルが作成されていると想定します（開発が進められているPython 3.15からは常にUTF-8で読み書きが行われるようになるようです）。

　さて、少し複雑な処理を試してみましょう。テキスト分析では、形態素を大きく内容語と機能語に分けて考えます。内容語は、テキストのテーマを端的に表す形態素、機能語は文法的に重要な形態素です。助詞の「は」や「が」などが代表ですが、出現頻度から書き手の推定に有効だと考えられています。

　ここで名詞だけを取り出してみましょう。

```
f = open('short.txt', 'r', encoding='utf-8')
text = f.read()

t = Tokenizer()

## 出力を保存するリストを用意
meishi_lst = []

for token in t.tokenize(text):
    ## 品詞が名詞なら
    if '名詞' in token.part_of_speech:
        ## 表層形（語句）を出力
        meishi = token.surface
        ## 名詞リストに追加
        meishi_lst.append(meishi)

## テキストファイルを閉じる
f.close()

meishi_lst
```

```
['国境', 'トンネル', '雪国']
```

青空文庫

　さて、ここで本格的なテキスト処理に挑戦してみましょう。青空文庫からテキストを取り出して、形態素解析にかけるという処理を行ってみます。その上で、固有名詞を取り出してみます。

　まず青空文庫から『走れメロス』の全文をダウンロードします。青空文庫からダウンロードできる全文には、最初と最後に入力者による作業内容についての説明（メタ情報）があり、また難読漢字にはルビが付記され、さらに文字コードはShift-JISになっています。

　Pythonで日本語テキストを処理するには、これらのメタ情報とルビを削除し、文字コードをUTF-8に変換する必要があります。これについては本書に付録として解説を設けましたので参照してください（294ページ参照）。

　青空文庫から『走れメロス』をダウンロードし、前処理を適用した結果は次のコードにより **hashire_merosu.txt** として、Jupyterが実行されているフォルダに保存されます。

```
from AozoraDL import aozora
## URL を文字列として指定
aozora('https://www.aozora.gr.jp/cards/000035/files/1567_ruby_4948.zip')
```

```
Download URL
URL: https://www.aozora.gr.jp/cards/000035/files/1567_ruby_4948.zip
1567_ruby_4948/hashire_merosu.txt
ファイルの作成 :hashire_merosu.txt
```

```
f = open('hashire_merosu.txt', 'r')
text = f.read()
t = Tokenizer()

## janomeの形態素解析から抜き出す名詞リスト
meishi_lst = []

for token in t.tokenize(text):
    ## 品詞細分類が固有名詞なら
    if "固有名詞" in token.part_of_speech:
        ## 表層形(語句)を出力
        meishi = token.surface
        ## 名詞リストに追加
        meishi_lst.append(meishi)
```

▼

```
## テキストファイルを閉じる
f.close()
## リストを表示
print(meishi_lst)
```

```
['王', '王', 'セリヌンティウス', '王', 'えい', 'えい', '二里', '三里', '猛',
'木葉', '渡', 'ゼウス', '韋駄天', '潺々', '清水', 'ゼウス', '小川', 'はるか',
'メロス', '勇', 'ちか', 'メロス', 'メロス']
```

残念ながら、誤って固有名詞と判定されている名詞が多いことが確認できます。

自作関数のモジュール化

さて、形態素解析の結果を使って分析を行う場合、利用する品詞情報を指定したくなります。具体的には、名詞や動詞、形容詞のみを抽出してデータとしたいことがあります。先に見たように、形態素ごとの品詞情報は、形態素ごとに **part_of_speech** として保存されています。そこで、これが名詞か動詞、あるいは形容詞だった場合だけ形態素をデータとして取り出すことを考えます。本書ではこの処理を繰り返し行いますので、これを関数として定義してしまいましょう。また、関数定義を別ファイルとして保存して、これをモジュールとして読み込む方法を紹介します。

まずモジュール名をファイル名としたPythonのスクリプトファイルを用意します。ここでは **my_janome.py** とします。 **.py** はPythonのスクリプトであることを示す拡張子です。このファイルに次のようなコードを記述します。なお、**# -*- coding: utf-8 -*-** という行は、このスクリプトの文字コードがUTF-8であることを示しています。Pythonで文字列を扱う際には、文字コードはUTF-8とします（ですので、デフォルトの文字コードがShift-JISであるWindowsユーザーの方は注意してください）。また、保存先はJupyterで **os.getcwd()** を実行して表示されるフォルダにします。

```
# -*- coding: utf-8 -*-

from janome.tokenizer import Tokenizer

t = Tokenizer()

def tokens(text, pos = ['名詞','形容詞','動詞']):
    word_list = []
    for token in t.tokenize(text):
    ## 品詞が名詞なら
        tp = (token.part_of_speech).split(',')
        if tp[0] in pos:
            word_list.append(token.base_form)
    return word_list

if __name__ == '__main__':
    out = tokens('これは良い本です。')
    print(out)
```

ちなみにJuputerではなく、ターミナルを起動して、次のように実行することもできます。

```
$ python my_janome.py
['これ', '良い', '本']
```

このスクリプトを別のPythonスクリプトから使う場合は次のようにします。再び、Jupyter
で次のように実行してみます。

```python
import my_janome
print('デフォルトでは名詞、形容詞、助詞を出力')
out = my_janome.tokens('ランチを食べました。')
print(out)
print('助詞のみ抽出')
out = my_janome.tokens("ランチを食べました。", pos = '助詞')
print(out)
```

```
デフォルトでは名詞、形容詞、助詞を出力
['ランチ', '食べる']
助詞のみ抽出
['を']
```

実行時に **pos** 引数に品詞のリストを渡すと、指定された品詞だけ取り出します。上
記の例では「助詞」だけを取り出しています。

また、すべての品詞を抽出したい場合もあります。そこで、先ほどのスクリプトに修正を
加え、**pos** 引数に空のリスト(**[]**)が指定されると、品詞を問わず、すべての形態素を
抽出するようにしましょう。そのため、**len(pos)<1** を追加します。つまり **pos** に空のリス
トが渡された場合(つまり要素数が1未満であれば)、無条件に形態素を取り出します。
先ほどの **my_janome.py** を次のように変更しましょう。

```python
# -*- coding: utf-8 -*-

from janome.tokenizer import Tokenizer

t = Tokenizer()

def tokens(text, pos = ['名詞','形容詞','動詞']):
    word_list = []
    for token in t.tokenize(text):
    ## 品詞が名詞なら
        tp = (token.part_of_speech).split(',')
        if len(pos) < 1 or tp[0] in pos:
            word_list.append(token.base_form)
    return word_list

if __name__ == '__main__':
    out = tokens('これは良い本です。')
    print(out)
```

127

ストップワード

たとえば、デフォルトのJanomeで「今日はこの本を読みます。」を形態素解析してみると、次のような結果になります。

```
from janome.tokenizer import Tokenizer
t = Tokenizer()
toks = t.tokenize('今日はこの本を読みます。')
for tok in toks:
    print(tok)
```

```
今日      名詞,副詞可能,*,*,*,*,今日,キョウ,キョー
は        助詞,係助詞,*,*,*,*,は,ハ,ワ
この      連体詞,*,*,*,*,*,この,コノ,コノ
本        名詞,一般,*,*,*,*,本,ホン,ホン
を        助詞,格助詞,一般,*,*,*,を,ヲ,ヲ
読み      動詞,自立,*,*,五段・マ行,連用形,読む,ヨミ,ヨミ
ます      助動詞,*,*,*,特殊・マス,基本形,ます,マス,マス
。        記号,句点,*,*,*,*,。,。,。
```

「は」や「を」のような助詞は日本語の重要な要素ではありますが、日本語である限り、どんな内容の文章にも必ず出現する形態素といえます。一方で、テキストマイニングでは、文章(あるいは、より大きな単位である文書)の内容が重要になる場合が多くなります。文章の文法的な構造を理解するのに重要な役割を果たす語を**機能語**、文章の意味内容を伝える語を**内容語**として区別することがあります。日本語で大雑把にあてはめると、内容語とは名詞や形容詞、動詞にあたり、これらは文章の内容を直接表現する形態素であるといえるでしょう。一方、機能語は助詞などであり、文章を文法的に成立させるために必要な形態素になります。

Janomeの解析結果では、**part_of_speech** を参照すれば、必要な品詞情報だけを取り出すことができるようになります。作成したばかりのモジュールを使って、次の文章を解析してみましょう。

```
import my_janome
out = my_janome.tokens('これは良い本だ。')
print(out)
```

```
['これ', '良い', '本']
```

「これ」が名詞として抽出されていますが、内容語とはいえないでしょう。ちなみに、「これ」の品詞細分類を確認してみましょう。

```
from janome.tokenizer import Tokenizer
t = Tokenizer()
tokens = t.tokenize('これは良い本だ。')
for tok in tokens:
    if tok.surface == 'これ':
        print(tok.part_of_speech)
```

名詞,代名詞,一般,*

細分類は「代名詞」となっています。つまり、**part_of_speech** リストの2番目の要素が「代名詞」であれば、これを省くという処理が考えられます。しかしながら、品詞細分類はIPAの文法体系[2]からも確認できるようにきわめて細かく定義されています。分析の目的ごとに、これらの細分類を選んで指定するのは煩雑です。

そこで、機能語と判断される形態素をあらかじめリストにしておいて、これと照合することで不要語を一気に削除してしまう方法もあります。こうしたリストを**ストップワード**といいます。分析目的にあわせてストップワードは自身を作成するのがベストですが、公開されているリストを利用することもできます。こうしたリストとして、京都大学情報学研究科社会情報学専攻田中克己研究室が公開しているSlothLib[3]があるので、ここで利用させてもらいましょう。

下記では、Pythonを使って、SlothLibリストのダウンロードと読み込みを行っています。

```
import urllib.request
url = 'http://svn.sourceforge.jp/svnroot/slothlib/CSharp/Version1/SlothLib/
NLP/Filter/StopWord/word/Japanese.txt'
urllib.request.urlretrieve(url, 'stopwords.txt')
stopwords = []
with open('stopwords.txt', 'r', encoding='utf-8') as f:
    stopwords = [w.strip() for w in f]
```

形態素のうち、取り込んだストップワードのリストに含まれている要素を削除するには、次のようにします。

```
from janome.tokenizer import Tokenizer
t = Tokenizer()
tokens = t.tokenize('これは良い本です。')
pos = ['名詞','形容詞','動詞']
word_list = []
for token in tokens:
    tp = (token.part_of_speech).split(',')
    if token.base_form not in stopwords:
        if tp[0] in pos :
```

[2] : https://www.unixuser.org/~euske/doc/postag/#chasen
[3] : http://www.dl.kuis.kyoto-u.ac.jp/slothlib/

129

```
        word_list.append(token.base_form)                          ▼
print(word_list)
```

```
['良い', '本']
```

先に作成した `my_janome.py` にストップワードを参照する機能を追加しましょう。`my_janome.py` を開き、次のように修正して、別名のファイルとして保存します。とりあえず `my_janome_stopwords.py` とします。

```python
# -*- coding: utf-8 -*-

from janome.tokenizer import Tokenizer

t = Tokenizer()

def tokens(text, pos = ['名詞','形容詞','動詞'] , stopwords_list=[]):
    word_list = []
    for token in t.tokenize(text):
        tp = (token.part_of_speech).split(',')
        if token.base_form not in stopwords_list:
            if len(pos) < 1 or (tp[0] in pos):
                word_list.append(token.base_form)
    return word_list

if __name__ == '__main__':
    out = tokens('これは良い本です。')
    print(out)
```

引数 `stopwords_list` を追加しました。ストップワードが指定された場合は、形態素解析の結果と照合を行います。

使ってみましょう。モジュール名(スクリプトファイルの名前)が長くなってしまったので、`import` する際に `as` を加えて、以降 `my_janome_stopwords` の代わりに `jnm` を使えるようにします。

```python
import my_janome_stopwords as jnm
out = jnm.tokens('これは良い本です。')
print(out)
```

```
['これ', '良い', '本']
```

先ほどダウンロードしたストップワードを、第2引数 `stopwords_list` に指定します。

```
import my_janome_stopwords as jnm
out = jnm.tokens('これは良い本です。', stopwords_list=stopwords)
print(out)
```

```
['良い', '本']
```

　本書の分析例では形態素解析器としてMeCabを利用したコードを掲載しますが、MeCabをインポートする行を `import my_janome_stopwords as jnm` と変えることで、同様の出力を得ることができます（多少、異なる結果になることもあります）。

　ただし、MeCabに比べるとJanomeの解析速度は非常に遅いので、入力データ（日本語文章）が大きくなると、結果が得られるまでかなり時間がかかることがあります。

CHAPTER 06

spaCyとGiNZA

　本章では、自然言語を処理するためのフレームワークであるspaCyと日本語のモデルのGiNZAについて紹介します。

spaCyとGiNZA

　spaCy[1]は自然言語を処理するためのフレームワークです。**フレームワーク**という意味は、spaCyには自然言語処理からテキスト処理までの一連の流れをサポートする多くの機能が実装されていること指しています。さらにspaCyは特定の言語に対応したモジュールではなく、英語やフランス語、日本語など、多様な言語に対して、ほぼ共通の操作（メソッド）で処置を行うことができるシステムだということです。

　spaCyでは、分析対象となる言語のコーパスから学習したモデルを導入し、このモデルをベースに解析を行います。言語のモデルというのは、特定の言語について大規模なコーパスから学習した結果を指します。MeCabでは辞書と単語（と単語の連続する確率）に基づいて文章を形態素に分けていましたが、spaCyでは、既存の膨大な言語資源から学習した単語ベクトルを使うことで、文脈、語と語の関係、固有表現（地名や人名）についてより豊かな情報を使って分析することができるようになります。また、spaCyはフレームワークであるため、対象言語が異なっていても分析に利用する関数（メソッド）は共通となるため、多様な言語をほぼ同じコードで処理できるようになります。

　以下、spaCyとGiNZAについて簡単な紹介を行いますが、いずれもアクティブな開発が継続しているフレームワークです。読者が実際に実行するにあたっては、それぞれのサイトで最新の情報を確認することをおすすめします。

　日本語のモデルとしては**GiNZA**[2]を利用することができます。GiNZA v5では2種類の言語モデルが備わっています。1つはv4まで使われていたディープラーニングのCNNで学習されたモデル（ `ja_ginza` ）ですが、新たにTransformersで学習されたモデル（ `ja_ginza_electra` ）が提供されるようになりました。GiNZAでは形態素解析にSudachi[3]が使われています。これらは `pip install -U ginza ja-ginza` あるいは `pip install -U ginza ja-ginza-electra` と実行することでインストールされます。

　なお、以前にGiNZAをインストールしたことがあるという読者は、いったん旧バージョンをアンインストールした上で、改めてインストールを行ったほうがよいかもしれません。また、GPUを利用することで処理を高速化できます。たとえば、CUDA11.1がインストールされている場合、 `pip install -U "spacy[cuda111]"` と実行し、spaCyを上書きインストールします。CUDAがインストールされていないマシンの場合は、 `pip install -U spacy` としてインストールし直してください。

[1]：https://spacy.io/
[2]：https://megagonlabs.github.io/ginza/
[3]：https://github.com/WorksApplications/Sudachi

　以降では、**ja_ginza** を使います。Transformersバージョンを利用する場合は **nlp = spacy.load('ja_ginza_electra')** としてください。この場合、下記に掲載する実行結果と一致しないことがあると思います。Transformersのバージョンが合わないというエラーが生じたときは **pip install transformers -U** を実行します。

　PythonでspaCy+GiNZAを試してみます。まず言語モデルを読み込みます。初めて実行した場合、モデルがダウンロードされるので少し時間がかかります（モデルの容量は1GBを超えることが多いので注意してください）。

```
import spacy
nlp = spacy.load('ja_ginza')
```

　日本語文章を形態素に分解し、それぞれの品詞情報を得るには、テキストから **Doc** クラスオブジェクトを生成します。下記では **doc** という変数名で、クラスオブジェクト（インスタンス）を生成しました。また、このオブジェクトのメソッドや属性（どちらもPythonではひとまとめにアトリビュートといわれます）の一覧も取得してみます。

```
doc = nlp('ウクライナとロシアの間で戦争が始まった。この影響で世界中で物価が
上昇している。')
## docオブジェクトのアトリビュート一覧
print(dir(doc))
```

```
['_', '__bytes__', '__class__', '__delattr__', '__dir__', '__doc__', '__
eq__', '__format__', '__ge__', '__getattribute__', '__getitem__', '__gt__',
'__hash__', '__init__', '__init_subclass__', '__iter__', '__le__', '__len__',
'__lt__', '__ne__', '__new__', '__pyx_vtable__', '__reduce__', '__reduce_
ex__', '__repr__', '__setattr__', '__setstate__', '__sizeof__', '__str__', '__
subclasshook__', '__unicode__', '_bulk_merge', '_context', '_get_array_attrs',
'_realloc', '_vector', '_vector_norm', 'cats', 'char_span', 'copy', 'count_by',
'doc', 'ents', 'extend_tensor', 'from_array', 'from_bytes', 'from_dict', 'from_
disk', 'from_docs', 'get_extension', 'get_lca_matrix', 'has_annotation', 'has_
extension', 'has_unknown_spaces', 'has_vector', 'is_nered', 'is_parsed', 'is_
sentenced', 'is_tagged', 'lang', 'lang_', 'mem', 'noun_chunks', 'noun_chunks_
iterator', 'remove_extension', 'retokenize', 'sentiment', 'sents', 'set_ents',
'set_extension', 'similarity', 'spans', 'tensor', 'text', 'text_with_ws', 'to_
array', 'to_bytes', 'to_dict', 'to_disk', 'to_json', 'to_utf8_array', 'user_
data', 'user_hooks', 'user_span_hooks', 'user_token_hooks', 'vector', 'vector_
norm', 'vocab']
```

　doc オブジェクトでは、入力された文章はまず**単文**に分割されます。入力文が句点で区切られていることを確認してください。

```
for sent in doc.sents:
    print(sent)
```

> ウクライナとロシアの間で戦争が始まった。
> この影響で世界中で物価が上昇している。

そして、それぞれの文では、さらに形態素への分割が行われています。

```
for sent in doc.sents:
    for token in sent:
        print(token)
```

> ウクライナ
> と
> ロシア
> の
> 間
> で
> 戦争
> が
> 始まっ
> た
> 。
> この
> 影響
> で
> 世界中
> で
> 物価
> が
> 上昇
> し
> て
> いる
> 。

　形態素解析では、品詞の情報、また活用形については原形（GiNZAの文脈では**レンマ**と呼びます）まで特定されています。これを取り出してみます。

```
for i, sent in enumerate(doc.sents):
    print(f'---------\n第{i+1}文 :{sent}\n------------')
    for token in sent:
        print('レンマ:', token.lemma_, '、品詞:', token.pos_, '、品詞タグ:',
token.tag_ )
```

第1文：ウクライナとロシアの間で戦争が始まった。

レンマ： ウクライナ 、品詞： PROPN 、品詞タグ： 名詞-固有名詞-地名-国
レンマ： と 、品詞： ADP 、品詞タグ： 助詞-格助詞
レンマ： ロシア 、品詞： PROPN 、品詞タグ： 名詞-固有名詞-地名-国
レンマ： の 、品詞： ADP 、品詞タグ： 助詞-格助詞
レンマ： 間 、品詞： NOUN 、品詞タグ： 名詞-普通名詞-副詞可能
レンマ： で 、品詞： ADP 、品詞タグ： 助詞-格助詞
レンマ： 戦争 、品詞： NOUN 、品詞タグ： 名詞-普通名詞-サ変可能
レンマ： が 、品詞： ADP 、品詞タグ： 助詞-格助詞
レンマ： 始まる 、品詞： VERB 、品詞タグ： 動詞-一般
レンマ： た 、品詞： AUX 、品詞タグ： 助動詞
レンマ： 。 、品詞： PUNCT 、品詞タグ： 補助記号-句点

第2文：この影響で世界中で物価が上昇している。

レンマ： この 、品詞： DET 、品詞タグ： 連体詞
レンマ： 影響 、品詞： NOUN 、品詞タグ： 名詞-普通名詞-サ変可能
レンマ： で 、品詞： ADP 、品詞タグ： 助詞-格助詞
レンマ： 世界中 、品詞： NOUN 、品詞タグ： 名詞-普通名詞-一般
レンマ： で 、品詞： ADP 、品詞タグ： 助詞-格助詞
レンマ： 物価 、品詞： NOUN 、品詞タグ： 名詞-普通名詞-一般
レンマ： が 、品詞： ADP 、品詞タグ： 助詞-格助詞
レンマ： 上昇 、品詞： VERB 、品詞タグ： 名詞-普通名詞-サ変可能
レンマ： する 、品詞： AUX 、品詞タグ： 動詞-非自立可能
レンマ： て 、品詞： SCONJ 、品詞タグ： 助詞-接続助詞
レンマ： いる 、品詞： VERB 、品詞タグ： 動詞-非自立可能
レンマ： 。 、品詞： PUNCT 、品詞タグ： 補助記号-句点

token オブジェクトに関連付けられたアトリビュートを一通り取り出してみます。なお、次のコードにある \t はタブを表します。すなわち半角スペースが数個挿入されます。

```
for sent in doc.sents:
    print('インデックス\t単語\tレンマ\t正規形\t読み\t品詞タグ\t活用情報\t品詞情報\t依存関係ラベル\t係り先インデックス')
    for token in sent:
        print(
            token.i,
            '\t', token.orth_,
            '\t', token.lemma_,
            '\t', token.norm_,
            '\t', token.morph.get('Reading'),
```

```
            '\t', token.pos_,
            '\t', token.morph.get('Inflection'),
            '\t', token.tag_,
            '\t', token.dep_,
            '\t', token.head.i,
        )
    print('EOS')
```

インデックス	単語	レンマ	正規形	読み	品詞タグ
活用情報		品詞情報		依存関係ラベル	係り先インデックス
0	ウクライナ	ウクライナ	ウクライナ	['ウクライナ']	PROPN
□		名詞-固有名詞-地名-国	nmod		2
1	と	と	と	['ト']	ADP
助詞-格助詞		case	0		
2	ロシア	ロシア	ロシア	['ロシア']	PROPN
□		名詞-固有名詞-地名-国	nmod		4
3	の	の	の	['ノ']	ADP
助詞-格助詞		case	2		
4	間	間	間	['アイダ']	NOUN
名詞-普通名詞-副詞可能		obl	8		
5	で	で	で	['デ']	ADP
助詞-格助詞		case	4		
6	戦争	戦争	戦争	['センソウ']	NOUN
名詞-普通名詞-サ変可能		nsubj	8		
7	が	が	が	['ガ']	ADP
助詞-格助詞		case	6		
8	始まっ	始まる	始まる	['ハジマッ']	VERB
['五段-ラ行;連用形-促音便']		動詞-一般	ROOT		8
9	た	た	た	['タ']	AUX
助動詞-タ;終止形-一般']		助動詞	aux		8
10	。	。	。	['。']	PUNCT
補助記号-句点		punct	8		

EOS

インデックス	単語	レンマ	正規形	読み	品詞タグ
活用情報		品詞情報		依存関係ラベル	係り先インデックス
11	この	この	此の	['コノ']	DET
連体詞		det	12		
12	影響	影響	影響	['エイキョウ']	NOUN
名詞-普通名詞-サ変可能		obl	18		
13	で	で	で	['デ']	ADP
助詞-格助詞		case	12		

14	世界中	世界中	世界中	['セカイジュウ']	NOUN	□
	名詞-普通名詞-一般		obl		18	
15	で	で	で	['デ']	ADP	□
助詞-格助詞		case		14		
16	物価	物価	物価	['ブッカ']	NOUN	□
名詞-普通名詞-一般		nsubj		18		
17	が	が	が	['ガ']	ADP	□
助詞-格助詞		case		16		
18	上昇	上昇	上昇	['ジョウショウ']	VERB	
□	名詞-普通名詞-サ変可能		ROOT		18	
19	し	する	為る	['シ']	AUX	['
サ行変格;連用形-一般']	動詞-非自立可能		aux	18		
20	て	て	て	['テ']	SCONJ	□
助詞-接続助詞		mark		18		
21	いる	いる	居る	['イル']	VERB	['
上一段-ア行;終止形-一般']	動詞-非自立可能		fixed	20		
22	。	。	。	['。']	PUNCT	□
補助記号-句点		punct		18		
EOS						

　NOUNやADP、あるいはcompound, case、nmod・nsubj というのは、Universal Dependency[4]というプロジェクトで定義されているラベルです。依存関係ラベルと係り先インデックスというのは、グラフで表現した方がわかりやすいでしょう。

```
from spacy import displacy
displacy.render(doc, style='dep', jupyter=True)
```

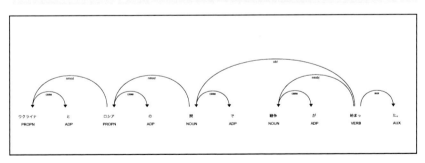

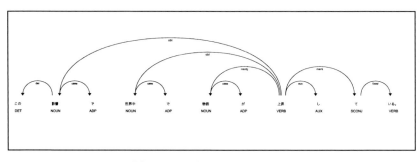

テキストマイニングでは、「名詞」、「形容詞」、「動詞」に限定して要素を取り出したい場合があります。 doc オブジェクトには noun_chunks という属性があり、これを使うと「名詞句」が取り出されます。

```
for noun in doc.noun_chunks:
    print(noun)
```

```
ウクライナ
ロシア
間
戦争
この影響
世界中
物価
```

あるいは token.tag_ の品詞情報を確認して抽出することもできます。 tags_ は'名詞-固有名詞-地名-一般'のようにハイフンで情報が区切られています。 split() に引数として '-' を与えるとハイフンで要素が分割されます。その最初の要素が品詞の情報になるので、この情報を照合します。

```
pos = ['名詞', '形容詞', '動詞']
for sent in doc.sents:
    for token in sent:
        i = (token.tag_.split('-'))[0]
        if i in pos:
            print(token.lemma_, i)
```

06

spaCyとGiNZA

```
ウクライナ 名詞
ロシア 名詞
間 名詞
戦争 名詞
始まる 動詞
影響 名詞
世界中 名詞
物価 名詞
上昇 名詞
する 動詞
いる 動詞
```

自作関数のモジュール化

テキストを分析する際、文章を解析するコードをその都度入力するのは手間です。そこで、関数として定義してしまいます。また、この関数定義を別ファイルとして保存して、これをモジュールとして読み込む方法を紹介します。

まずモジュール名をファイル名としたPythonのスクリプトファイルを用意します。ここでは **my_ginza.py** とします。 **.py** はPythonのスクリプトであることを示す拡張子です。このファイルに次のようなコードを記述します。なお、1行目の **# -*- coding: utf-8 -*-** は、このスクリプトの文字コードがUTF-8であることを示しています。Python3で文字列を扱う場合、文章の文字コードはUTF-8とします（ですので、デフォルトの文字コードがShift-JISであるWindowsユーザーの方は注意してください）。

```
# -*- coding: utf-8 -*-
import spacy
nlp = spacy.load('ja_ginza')
word_list = []

def tokens(sentences, pos=['名詞','形容詞','動詞'], stopwords_list=[]):
    doc = nlp(sentences)
    for sent in doc.sents:
        for token in sent:
            i = (token.tag_.split('-'))[0]
            if i in pos:
                word_list.append(token.lemma_)
    return word_list

if __name__ == '__main__':
    out = tokens('今日の午後は八宝菜を食べました。')
    print(out)
```

```
['今日', '午後', '八宝菜', '食べる']
```

この自作モジュールを使うには次のようにします。Jupyterを起動したフォルダ（ディレクトリ）と同じ場所に **my_ginza.py** スクリプトがあるとします。

```
import my_ginza
out = my_ginza.tokens('ランチを食べました。')
print(out)
```

```
['ランチ', '食べる']
```

　GiNZAの **nlp()** では多様な処理が連続的に行われます。これをpipelineと表現しています。処理の流れを表示してみます。

```
for p in nlp.pipeline:
    print(p)
```

```
('tok2vec', <spacy.pipeline.tok2vec.Tok2Vec object at 0x7f19a89ccb20>)
('parser', <spacy.pipeline.dep_parser.DependencyParser object at 0x7f19a89cadd0>)
('ner', <spacy.pipeline.ner.EntityRecognizer object at 0x7f19a89caeb0>)
('morphologizer', <spacy.pipeline.morphologizer.Morphologizer object at
0x7f19a89ccac0>)
('compound_splitter', <ginza.compound_splitter.CompoundSplitter object at
0x7f19a8960e50>)
('bunsetu_recognizer', <ginza.bunsetu_recognizer.BunsetuRecognizer object at
0x7f19a8979160>)
```

```
texts = list(nlp.pipe(['徳島は阿波踊りが有名です。', '高知はよさこい祭りがよ
く知られています。']))
for sents in texts:
    for sent in sents.sents:
        for comp in sent.sents:
            for token in comp:
                print(token)
```

```
徳島
は
阿波踊り
が
有名
です
。
高知
は
よさこい祭り
が
よく
知ら
れ
て
い
ます
。
```

最初に **tok2vec** による処理が行われ、次に依存関係のラベリング、固有表現抽出、品詞推定、句の推定と文節の推定が行われていることがわかります。固有表現抽出は次のような機能です。**doc** オブジェクトの **ents** (entities)リストの要素を取り出します。

```
doc = nlp('徳島は阿波踊りが有名です。')
for ent in doc.ents:
    print(ent.text, ent.label_)
```

```
徳島 City
阿波踊り Person
```

阿波踊りが誤って人(Person)と判定されています。適切なのはEventでしょうか。ちなみに固有表現の抽出結果を可視化する関数があります。

```
from spacy import displacy
displacy.render(doc, style='ent', jupyter=True)
```

徳島 City は 阿波踊り Person が有名です。

ここで単語ベクトルについて確認してみましょう。なお、単語ベクトルの詳細については、第11章で解説しています。

ja_ginza では、文章のベクトルと、単語ごとのベクトルがすでに取り出されています。

```
doc = nlp('徳島は阿波踊りが有名です。高知はよさこい祭りがよく知られています。')
print('文章ベクトル\n----------')
for sent in doc.sents:
        print(sent.vector.shape)
print('単語ベクトル\n--------------')
for token in doc:  # docを構成する単語を順番にイテレート
    print(token.text, token.has_vector, token.vector.shape)
```

```
文章ベクトル
----------
(300,)
(300,)
単語ベクトル
--------------
徳島 True (300,)
は True (300,)
阿波踊り True (300,)
```

```
が True (300,)
有名 True (300,)
です True (300,)
。 True (300,)
高知 True (300,)
は True (300,)
よさこい祭り True (300,)
が True (300,)
よく False (300,)
知ら False (300,)
れ False (300,)
て True (300,)
い True (300,)
ます True (300,)
。 True (300,)
```

　それぞれが300次元のベクトルとして表現されていることがわかります。文章ベクトルは、単語ベクトルの次元ごとに平均値をとったベクトルということになります。

　ここで入力した文章は、2つの単文に分けられます。この2つの文の類似度を求めてみましょう。なお、入力文章を、単文に分割したオブジェクトは .sents でアクセスできますが、これはジェネレータであるため、直接添え字を使うことはできません。そこで次の処理では、いったんリストに変換します。

```
docs_l = list(doc.sents)
print(docs_l[0])
print(f'類似度は {docs_l[0].similarity(docs_l[1])}')
```

```
徳島は阿波踊りが有名です。
0.83650655
```

　2つの文の類似度は約0.83と求められました。類似度は0から1の範囲の数値ですから、類似度は高いといえます。

‖‖ 「ja_ginza_electra」におけるベクトル表現

一方、**ja_ginza_electra** の場合、単語ベクトルはバックグランドで使われている Transfomersモデルが利用されます。これは **doc._.trf_data** として保存されています。次のように実行すると、その一部を確認できます。

```
## メモリ節約のため ja_ginza オブジェクトは削除しておく
del nlp

nlp_e = spacy.load('ja_ginza_electra')
doc_e = nlp_e('東京タワーで待ちあわせ。')
```

```
print(doc_e._.trf_data)
```

```
TransformerData(wordpieces=WordpieceBatch(strings=[['[CLS]', '東京', 'タ',
'##ワー', 'で', '待ち', '##あ', '##わせ', '。', '[SEP]']], input_ids=array([[
    2, 20375,   390,  7694, 20118, 22454,  3160,  7792, 20110,
            3]], dtype=int32), attention_mask=array([[1., 1., 1., 1., 1., 1.,
1., 1., 1., 1.]], dtype=float32), lengths=[10], token_type_ids=array([[0, 0,
0, 0, 0, 0, 0, 0, 0, 0]], dtype=int32)), model_output=ModelOutput([('last_
hidden_state', array([[[-0.4881749 , -0.21651527,  0.54330087, ...,
-0.10441031,
        -0.27446336,  0.17393604],
       [ 0.31530297,  0.08611556, -0.46102542, ...,  0.06445421,
        -0.12429437,  0.07865894],
       [-0.0466472 ,  0.23163442,  0.23410955, ...,  1.1375564 ,
         0.1263227 ,  0.27445352],
       ...,
       [ 0.12068383,  0.8711264 , -0.41709605, ..., -0.4842382 ,
        -0.49886122, -0.24800676],
       [-0.4594799 , -0.01277845, -0.20572555, ..., -0.7351168 ,
         0.12277819,  0.19968231],
       [-1.2453946 , -0.2392647 ,  0.51350623, ...,  0.26412916,
         0.10113095,  0.46275958]]], dtype=float32))]),
align=Ragged(data=array([[1],
       [2],
       [3],
       [4],
       [5],
       [6],
       [7],
       [8]], dtype=int32), lengths=array([1, 2, 1, 3, 1], dtype=int32), data_
shape=(-1,), cumsums=None))
```

06

spaCy・GINZA

トークンを確認してみます。

```
print(doc_e._.trf_data.tokens)
```

```
{'input_ids': tensor([[    2, 20375,   390,  7694, 20118, 22454,  3160,  7792,
20110,     3]],
        dtype=torch.int32), 'attention_mask': tensor([[1., 1., 1., 1., 1., 1.,
1., 1., 1., 1.]]), 'input_texts': [['[CLS]', '東京', 'タ', '##ワー', 'で', '待
ち', '##あ', '##わせ', '。', '[SEP]']], 'token_type_ids': tensor([[0, 0, 0, 0,
0, 0, 0, 0, 0, 0]], dtype=torch.int32)}
```

ここで「東京タワー」が'東京'、'タ'、'##ワー'の3つに分解されているのが確認できます。実はTransoformsモデルでは文章は**サブワード**という単位で分割されます。'##ワー'というのは、直前の分割結果に結合して使われることを表しています。これは出現頻度の低い単語を文字ないし文字列に分解して扱う方法です。登録語彙数を減少させることで、テキストデータからの学習を効率化することが期待できるわけです。

`ja_ginza_electra` の出力では `model_output` の部分に単語ベクトル（と文章ベクトル）が保存されています。これを取得するには `tensors` 属性を使います。`tensors` は要素数が1つのタプルになっています。次元を確認してみます。

```
tensors = doc_e._.trf_data.tensors
print(tensors[0].shape)
```

```
(1, 10, 768)
```

「東京」の単語ベクトルを取り出します。先の出力にあるように、最初の単語なのでインデックスは **0** ですが、一応確認します。

```
for sent in doc_e.sents:
    for token in sent:
        if token.lemma_ == '東京':
            print(token.i,
            '\t', token.lemma_
            )
```

```
0        東京
```

```
print(doc_e[0])
```

```
東京
```

次のようにして取り出します。文が10個に分割され、それぞれが768次元のベクトルであることが確認できます。

```
import itertools

## '東京'のインデックス
idx = 0
token_idxes = list(itertools.chain.from_iterable(doc_e._.trf_data.align[ idx ]
.data))
tensors = doc_e._.trf_data.tensors[0]
print(tensors.shape)
```

```
(1, 10, 768)
```

```
print(doc_e._.trf_data.wordpieces)
```

```
WordpieceBatch(strings=[['[CLS]', '東京', 'タ', '##ワー', 'で', '待ち', '##
あ', '##わせ', '。', '[SEP]']], input_ids=array([[    2, 20375,   390,  7694,
20118, 22454,  3160,  7792, 20110,
             3]], dtype=int32), attention_mask=array([[1., 1., 1., 1., 1., 1.,
1., 1., 1., 1.]], dtype=float32), lengths=[10], token_type_ids=array([[0, 0,
0, 0, 0, 0, 0, 0, 0, 0]], dtype=int32))
```

spaCy、GiNZA、Transformersを使った自然言語処理、あるいはテキスト処理では、ディープラーニングという技術がベースになっています。ディープラーニングについては、第12章で簡単に説明しています。

CHAPTER 07

Bag of Words
(BoW)

本章では、テキストを形態素解析に適用した後、どのように分析につなげていくかを説明します。基本は、テキストごとにトークンの出現回数をデータとすることになります。

頻度データの作成

　テキストマイニングでは、テキストをデータサイエンスや機械学習で一般的な手法を使って分析します。データ分析の手法の多くは、データが数値であることを想定しています。そこで、テキストを何らかの方法で数値データに変換する必要があります。その最も単純な方法が、テキストに現れる形態素や文字を数えることです。テキスト（文章）を、形態素や文字に分割する方法については、前の章で説明しました。分割した結果から、それらの出現回数（頻度といいます）を数えるにはPythonの**collectnios**というモジュールを使うのが便利です。簡単な例で試してみましょう。

```
from collections import Counter
cnt = Counter(['あ', 'あ', 'い', 'う', 'う', 'う','え', 'え', 'お'])
print(cnt)
```

```
Counter({'う': 3, 'あ': 2, 'え': 2, 'い': 1, 'お': 1})
```

　上記の簡単な例では、文字と1つひとつ登録したリストを **Counter()** に渡しています。
　文章を形態素に分解するには、前節で作成した **my_mecab** モジュールの **tokens()** を使いましょう。この結果をリストとして保存し、**Counter()** に渡すことで、文中の形態素をカウントすることができます。 **pos** 引数に抽出する品詞を指定することができますが、ここではすべての品詞を抽出しましょう。そのためには **pos** 引数に空のリストを指定します。
　なお、1行目の **import my_mecab as my_tokenizer** を **import my_janome as my_tokenizer** と変えると、形態素解析としてJanomeが使われます。

```
## まず文章を形態素解析にかける
## import my_janome as my_tokenizer
import my_mecab as my_tokenizer
words_freq = my_tokenizer.tokens('太郎をねむらせ、太郎の屋根に雪ふりつむ。
次郎をねむらせ、次郎の屋根に雪ふりつむ。', pos=[])
print(words_freq)
```

```
['太郎', 'を', 'ねむらせる', '、', '太郎', 'の', '屋根', 'に', '雪', 'ふり',
'つむ', '。', '次郎', 'を', 'ねむらせる', '、', '次郎', 'の', '屋根', 'に',
'雪', 'ふり', 'つむ', '。']
```

　形態素解析の結果を保存したリストを **Counter()** に渡します。

```
cnt = Counter(words_freq)
print(cnt)
```

```
Counter({'太郎': 2, 'を': 2, 'ねむらせる': 2, '、': 2, 'の': 2, '屋根': 2, '
に': 2, '雪': 2, 'ふり': 2, 'つむ': 2, '。': 2, '次郎': 2})
```

　入力した文章は三好達治という詩人の『雪』という作品ですが、この詩では意図的に同じ単語が繰り返されています。頻度表にしたところ、どの形態素も2回出現していることがわかります。ただ、一般的にいうと、テキストマイニングで扱うのはファイルとして記録されたテキストでしょう。そこで、テキストファイルを対象に形態素解析を実行し、これを頻度表にまとめる方法を紹介しましょう。

ファイル集合の解析

　ここでは、対象となるテキストをファイルから読み込み、これらに形態素解析を適用します。さらに、抽出した形態素の頻度情報から**WordCloud**というグラフィックスを作成する方法を説明します。

　サンプルとして、宮澤賢治の『注文の多い料理店』を青空文庫からダウンロードし、ルビ（ふりがな）などを取り除き、さらにファイルの文字コードをUTF-8に変換して利用しましょう。青空文庫からファイルをダウンロードして加工するにはAozoraDLモジュールを使います。`AozoraDL.py` の詳細については、本書の付録を参照してください。

　`AozoraDL.py` をJupyterが実行されているフォルダに保存します。Jupyterが実行されているフォルダは `import os ; os.getcwd()` で確認できます。

```
from AozoraDL import aozora
aozora('https://www.aozora.gr.jp/cards/000081/files/43754_ruby_17594.zip')
```

```
Download URL
URL: https://www.aozora.gr.jp/cards/000081/files/43754_ruby_17594.zip
43754_ruby_17594/chumonno_oi_ryoriten.txt
ファイルの作成 :chumonno_oi_ryoriten.txt
```

　あるいは、コマンドプロンプトないしターミナルで次のように実行することもできます。

```
$ python AozoraDL.py https://www.aozora.gr.jp/cards/000081/files/43754_
ruby_17594.zip
```

　関数 `aozora()` に引数として指定したURLは青空文庫を作品を単独ファイルとしてダウンロードする場合のURLです。各作品の説明ページの最後にリンクがありますので、右クリックなどでURLをコピーしておきます。

　実行すると `chumonno_oi_ryoriten.txt` というファイルが生成されているはずです。このファイルは文字コードがUTF-8に変更されており、かつルビなどのメタ情報は削除されています。

　これをPythonで読み込みます。Pythonでのファイル読み込みは `with open()` としてファイルハンドラ（次ページのコードで `f` ）を用意し、このハンドラを介してファイルにアクセスするのが標準的な手順です。`read()` はファイルの中身をすべて読み込みます。他に1行だけ読み込む `readline()` やファイルの各行を文字列として、リストに保存する `readlines()` があります。

```
# import os
# print(os.getcwd())
with open('chumonno_oi_ryoriten.txt', encoding='utf-8') as f:
    data = f.read()

res = my_tokenizer.tokens(data)
print('最初の10語を確認')
print(res[:10])
```

最初の10語を確認
['二人', '若い', '紳士', 'イギリス', '兵隊', 'かたち', 'する', 'する', '鉄砲', 'かつぐ']

07

Bag of Words (BoW)

tokens() はデフォルトで名詞、形容詞、動詞のみを抽出してリストして返すことを思い出しましょう。この結果を可視化してみます。WordCloud は使用頻度が高いほど、形態素が大きなサイズで描かれるグラフです。Pythonではwordcloudというライブラリを使うことできます。ただし、**WordCloud()** に形態素リストを渡す場合、次の例に示すように、形態素が半角スペースで区切られた文字列にしておく必要があるので、**join()** で加工します。

簡単な例を実行してみましょう。

```
word_list = ['私は', '蕎麦', 'を', '食べる', 'ます']
print(' '.join(word_list))
```

私は 蕎麦 を 食べる ます

上記の例では、形態素解析の結果として文字列6つを要素とするリストが返されていますが、これを半角スペースでつないだ1つの文字列を作成していることに注意してください。

ただし、ここで出力を少し精査しましょう。最後の「ます」はいわゆる機能語にあたります。機能語は文法的な役割を果たす形態素であるため、このをグラフィックス上に描いても、テキストの内容を推測する役には立たないでしょう。そこで、これらを削除します。前章で紹介したストップワードを利用しましょう。

まず、ストップワードを読み込みます。ここではJupyterの起動フォルダに **stopwords. txt** ファイルがあることを前提とします。

さらに読み込んだストップワードだけでは不十分なので、「する」「ある」などを **extend()** を使って追加します。

```
# import urllib.request
# url = 'http://svn.sourceforge.jp/svnroot/slothlib/CSharp/Version1/SlothLib/
NLP/Filter/StopWord/word/Japanese.txt'
# urllib.request.urlretrieve(url, 'stopwords.txt')
stopwords = []
with open('stopwords.txt', 'r', encoding='utf-8') as f:
    stopwords = [w.strip() for w in f]
stopwords.extend(['する', 'ある', 'いる', 'なる', 'の', 'ん'])
```

ストップワードを取り除いた結果の形態素数を確認しておきましょう。

```
print('もとテキスト「注文の多い料理点」の形態素数')
print(len(res))
## ストップワードを取り除く
res_without_stopwords = [i for i in res if i not in stopwords]
print('削減後の形態素数')
print(len(res_without_stopwords))
print('削除後の形態素リストの一部を確認')
print(res_without_stopwords[:10])
```

```
もとテキスト「注文の多い料理点」の形態素数
1216
削減後の形態素数
891
削除後の形態素リストの一部を確認
['二人', '若い', '紳士', 'イギリス', '兵隊', '鉄砲', 'かつぐ', '白熊', '犬',
'疋']
```

300語以上が削られています。

さて、WordCloudを作成しますが、matplotlibはデフォルトでは日本語を表示できません。そこで、日本語が表示されるように日本語フォントを設定します。下記はWindowsとMac、Linuxで一般的なフォントを指定しています。

```
from matplotlib import rcParams
rcParams['font.family'] = 'sans-serif'
rcParams['font.sans-serif'] = ['Yu Gothic', 'Meirio', 'HiraginoSerif-W3.ttc',
'Hiragino Maru Gothic Pro', 'Takao', 'IPAexGothic', 'IPAPGothic', 'VL PGothic',
'Noto Sans CJK JP']
```

　準備が整ったので、WordCloudを描いてみましょう。なお、**conda install word cloud** あるいは **pip install wordcloud** でwordcloudライブラリをインストールしておく必要があります。

　また、引数 **font_path** は、利用しているパソコンの環境に合わせる必要があります。Windowsであれば、**'C:¥Windows¥Fonts¥msgothic.ttc'** あるいは **'C:¥Windows¥Fonts¥yumin.ttf')** を、Macであれば、**'/System/Library/Fonts/ヒラギノ 明朝 ProN.ttc'** あるいは **'/System/Library/Fonts/ヒラギノ 丸ゴ ProN W4.ttc'** を指定するとよいでしょう。下記では、UbuntuというLinux系OSで、日本語フォントを指定しています。

　なお、行末にある逆スラッシュ(日本語Windowsでは円マークで表示されます)は、命令が次行に続いていることを表しています。

```
# !pip install wordcloud
from wordcloud import WordCloud
import matplotlib.pyplot as plt
wordcloud = WordCloud(background_color='white', width=900, height=500, \
                      font_path='NotoSansCJK-Regular.ttf',\
                      stopwords=set(stopwords)).generate(' '.join(res))

plt.figure(figsize=(15,12))
plt.imshow(wordcloud)
plt.axis('off')
```

```
(-0.5, 899.5, 499.5, -0.5)
```

出現回数の多い形態素ほど、大きく表示されています。少し気になるのは、「来る」と「くる」が統一されていないように見えることですが、「くる」は、たとえば「腹は空いてきたし」や「風がどうと吹いてきて」というような、状態の変化などを表す意味で使われており、「（歩いて）来る」というような物理的な移動とは区別されています。我々が日常書いている文章だと、「お腹が空いて来た」などと、うっかり「来る」と書いてしまう場合もありますが、宮澤賢治の小説では作者また編集者による校閲を得ており、表記は統一されているはずなので、「くる」と「来る」は別の形態素を考えてよいでしょう。もっとも、そもそも「くる」はストップワードとして削除してもよいかもしれません。

WordCloudは内容を推測するのに役に立ちますが、グラフィックス上の形態素位置はランダムに変わることに注意してください。また、同じテキストが対象になっていても、抽出する品詞を絞り込むと、当然ながらグラフの印象も変わってきます。たとえば、名詞だけを抽出した結果を使ってWordCloudを描くとどうなるでしょうか。実際にやってみましょう。

```
res = my_tokenizer.tokens(data, pos=['名詞'])
## 指定する品詞が1つであればカギカッコを省いて pos='名詞' でもよい
print(res[:10])
```

```
['二人', '紳士', 'イギリス', '兵隊', 'かたち', '鉄砲', '白熊', 'よう', '犬',
'二']
```

```
from wordcloud import WordCloud
import matplotlib.pyplot as plt
wordcloud = WordCloud(background_color='white',width=900, height=500, \
                      font_path = 'NotoSansCJK-Regular.ttc',\
                      stopwords=set(stopwords)).generate(' '.join(res))

plt.figure(figsize=(15,12))
plt.imshow(wordcloud)
plt.axis('off')
```

```
(-0.5, 899.5, 499.5, -0.5)
```

こちらのWordCloudの方が、小説の内容をより強く想起させるといえるかもしれません。

複数の文章を解析する

　複数のテキストを別々に形態素解析にかけ、それぞれの結果を1つの表にまとめたい
とします。この場合、いったん、それぞれのテキストに出現する単語をすべてまとめあげ
たリストを用意し、それらが各テキストに何回出現したかを個別に数えておく必要があり
ます。こうした目的に利用できるのが、scikit-learnライブラリの **CountVectorizer** で
す。利用してみましょう。

　前節で対象とした詩を2つに分け、それぞれを異なるテキストとみなして形態素解析に
かけてみましょう。

```
from sklearn.feature_extraction.text import CountVectorizer
vectorizer = CountVectorizer(tokenizer=my_tokenizer.tokens)
## 2つの文章を要素とするリストを用意
texts = ['太郎をねむらせ、太郎の屋根に雪ふりつむ。', ' 次郎をねむらせ、次郎の
屋根に雪ふりつむ。']
vectorizer.fit(texts)
bow = vectorizer.transform(texts)
```

```
/mnt/myData/GitHub/textmining_python/lib/python3.8/site-packages/sklearn/
feature_extraction/text.py:484: UserWarning: The parameter 'token_pattern'
will not be used since 'tokenizer' is not None
  warnings.warn("The parameter 'token_pattern' will not be used"
```

　なお、出力に警告が出ています。 **CountVectorizer()** はデフォルトでは欧米
語テキストを半角スペースごとに区切るという処理が行われます。日本語では分かち
書きに形態素解析器を使うため、**tokenizer** 引数を指定します。すると、デフォルト
で **token_pattern** に設定されている引数は無視されていますという警告になります。

　単に2つの文章を形態素解析にかけるにしては、上記のコードは少し回りくどく感じられ
るかもしれません。まず最初に **CountVectorizer** のインスタンスを生成します。この際、
形態素解析を行うモジュールである **my_mecab** あるいは **my_janome** の **tokens()** を
指定します。もちろん、他の日本語形態素解析器を指定することもできます。

　次に、**fit()** で指定されたテキスト(ここでは2つだけですが)から、出現するすべて
の形態素の辞書をリストを生成しています(なお、我々が設計した **tokens()** はデフォ
ルトでは「名詞」「形容詞」「動詞」だけを抽出しています)。**CountVectorizer()** で
作成される辞書は、**vectorizer** インスタンスの内部情報として保存されています。こ
れは次のようにして確認できます。

```
print(vectorizer.vocabulary_)
```

```
{'太郎': 4, 'ねむらせる': 1, '屋根': 5, '雪': 6, 'ふり': 2, 'つむ': 0, '次郎':
3}
```

　ちなみに、形態素の横に出力されている整数は頻度（出現回数）ではなく、indexという番号です。また、このように文章を形態素に分割し、その出現回数を紐づけたデータをBag of Words（BoW）ということがあります。
　対象となるテキストの集合に出現する形態素のリストが辞書として作成されたら、今度は transform() を使ってその辞書に登録されたすべての形態素について、テキストごとに出現頻度を求めます。二度手間のように感じるかもしれません。しかし、機械学習などでは、手もとのテキスト集合から作成した辞書を使って、別の機会に得られた新しいテキストの類似度などを調べる際には、すでに作成済みの辞書に出てくる単語のみをカウントすることになります。そのため、辞書を作成する手順と、それらの単語の頻度をカウントする手順が別々になっているのです。なお、後日、新しいテキストを得て分析する予定がないのであれば、辞書作成と頻度のカウントを fit_transform() で一度に行うことも可能です。
　ところで、頻度をカウントした結果を、ここでは bow として保存していますが、このオブジェクト名を指定して print() を実行しても頻度表らしきものは出力されません。

```
print(bow)
```

```
  (0, 0)        1
  (0, 1)        1
  (0, 2)        1
  (0, 4)        2
  (0, 5)        1
  (0, 6)        1
  (1, 0)        1
  (1, 1)        1
  (1, 2)        1
  (1, 3)        2
  (1, 5)        1
  (1, 6)        1
```

　CountVectorizer は辞書と頻度の情報を**疎行列**（Sparse Matrix）に適した特殊な形式で保存しており、「表」という形式にはなっていないのです。
　もしも10個のテキストから辞書を作成したところ、形態素は合計で300個あったとしましょう。この場合、テキストごとに300個の形態素について、それぞれの出現頻度がカウントされることになります。

もっとも、ある形態素があるテキストに出現する回数は0ということが普通にあります。たとえば、野球に関するテキストで「捕手」という単語が出ていたとしても、この単語が野球以外のテキストに出現することはほとんどないでしょう。つまり、複数テキストの形態素を頻度表でまとめると、その表は一般に0が多数並ぶことになります。これを疎（そ: sparse）な表、あるいは疎行列などと表現します。

疎な行列ではほとんどの頻度が0であることを利用して、頻度が1以上の場合だけデータとして記録したほうが効率的だと考えられます。辞書の単語が5個あり、テキストもやはり5個あったとします。このとき、頻度表を作成したら次のようになっていたとします。

	A	B	C	D	E
犬	2	0	0	0	0
猫	0	1	0	0	0
捕手	0	0	0	1	0
投手	0	0	3	0	0
医師	0	0	0	0	5

5行5列のマス目がありますが、このうち20個は0で、残り5個だけが1以上の整数です。このような場合、1列目（Pythonの添字では0列目）は1行目（Pythonの添字では0行目）が2、2列目は2行目だけ1、3列目は4行目だけ3などと記録すればすみます。また、コンピュータのメモリの節約にもなります。この5行5列のデータは次のようにまとめられます。

```
(0,0,2) ## 1列目1行目は2
(1,1,1) ## 2列目2行目は1
(2,3,3) ## 3列目4行目は3
(3,2,1) ## 4列目3行目は1
(4,4,5) ## 5列目5行目は5
```

ここで、先ほど作成した **bow** をもう一度出力させてみましょう。

```
print(bow)
```

```
  (0, 0)        1
  (0, 1)        1
  (0, 2)        1
  (0, 4)        2
  (0, 5)        1
  (0, 6)        1
  (1, 0)        1
  (1, 1)        1
  (1, 2)        1
  (1, 3)        2
  (1, 5)        1
  (1, 6)        1
```

　たとえば **(0,4) 2** というのは、0番目の文章（つまり最初の文章）に、辞書でのindex が4番の形態素（「太郎」）が2回出現しているという意味になります。
　これを疎でない形式（表あるいは行列）で確認するには、次のように配列（array）に変更します。

```
print(bow.toarray())
```

```
[[1 1 1 0 2 1 1]
 [1 1 1 2 0 1 1]]
```

　出力は、それぞれの文章ごとに辞書の単語の出現回数を並べたリストを集めたリストになります（リストが入れ子になっている）。少しわかりやすく書き直すと次のようになります（この表では文書が行に、また形態素が列に取られています）。

	つむ	ねむらせる	ふり	次郎	太郎	屋根	雪
文章1	1	1	1	0	2	1	1
文章2	1	1	1	2	0	1	1

　文章1というのは「太郎をねむらせ、太郎の屋根に雪ふりつむ。」のことであり、文章2は「次郎をねむらせ、次郎の屋根に雪ふりつむ。」です。2つの文章で出現する形態素は、まとめると「つむ」「ねむらせる」「ふり」「次郎」「太郎」「屋根」「雪」の7種類となります。そして、表の中の0、1、2という数値は、それぞれの形態素が文章1と文章2で出現した回数を表しています。
　文章1は、**[1,1,1,0,2,1,1]** という数値のリストで表現されたことになりますが、これを**特徴ベクトル**と呼ぶことがあります。数値（頻度情報）によって、文章1の特徴が表されているということです。この場合、ベクトルには7つの数値がありますが、この数を**次元**と表現します。そして、bowでは次元は形態素数ということになります。もし、品詞を限定せずすべての形態素を抽出しているのであれば、次元は語彙数（ボキャブラリー数）に相当します。
　文章1と文章2それぞれの特徴ベクトルは「次郎」ないし「太郎」の頻度を除いて、ほぼ等しいといえます。ごく簡単にいえば、文章1と文章2はよく似ているということになります。単純に思えるかもしれませんが、実際のところ、テキスト（多数の文章の集合）について、それらの内容を根拠に仕分けするようなタスクでは、こうした特徴ベクトルを利用するだけでも、かなりの精度が期待できるのです。
　なお、文章1の特徴ベクトル（頻度）を、形態素（単語）と対で表示したい場合は、次のように **for** 命令と **get_feature_names()** を併用します（ただし、一般にはテキストマイニングでは大量のテキストが解析対象となるので、コンピュータ画面に形態素のすべてを表示させるのは避けた方がよいでしょう）。

07

Bag of Words（BoW）

```
for word,count in zip(vectorizer.get_feature_names(), bow.toarray()[0, :]):
    print(word, count)
```

```
つむ 1
ねむらせる 1
ふり 1
次郎 0
太郎 2
屋根 1
雪 1
```

文章1と文章2それぞれの形態素頻度を並べて表示するには次のようにします。`zip()`は指定されたリストから要素をインデックス順に取り出すメソッドです。下記では `vectorizer.get_feature_names()`、`bow.toarray()[0, :]`、`bow.toarray()[1, :]` という3つのリストからそれぞれ順番に要素に取り出し、`word,count1,count2` として保存して利用しています。

```
for word, count1, count2 in zip(vectorizer.get_feature_names(), bow.toarray()
[0, :], bow.toarray()[1, :]):
    print(word, count1, count2)
```

```
つむ 1 1
ねむらせる 1 1
ふり 1 1
次郎 0 2
太郎 2 0
屋根 1 1
雪 1 1
```

TF-IDF

　文章あるいは、文章の集合である文書(テキスト)、さらには文書(テキスト)の集合について、その内容を分析する上で、形態素の出現回数は重要な情報になります。しかしながら、「は」、「が」のような**機能語**は、日本語の重要な要素ではありますが、文章の内容を直接表している単語とはいえません。

　MeCabについて説明した章で、内容(意味)を検討する上で重要ではないと判断される形態素を削除する方法について検討しました。MeCabでは品詞細分類を利用して助詞などの機能語を削除することができました。また、あらかじめストップワードというリストを用意し、このリストに掲載されている語を除くことも可能でした。

　一方、これとは別の方法もあります。複数のテキストそれぞれから形態素の頻度情報を抽出したBoWでは**TF-IDF**によって、各形態素の重要度を表現する方法があります。TFはTerm Frequencyの略で、局所的重みと呼ばれることもあります。TFにはいくつか定義がありますが、最も簡単な定義は、形態素の出現頻度をそのまま使うことです。他の定義としては、1回以上出現していれば1さもなければ0に置き換える方法(2進重み)や、もとの頻度に1を足して対数を取る方法(対数化索引語頻度)などもあります。

　Pythonのscikit-learnライブラリではTFは次のように計算されています。ここで$w_{i,j}$は、ある文書d_jに出現したある単語(i)だとします。

$$tf_{i,j} = \frac{w_{i,j}}{\sum w_j}$$

　一方、IDFはInverse Document Frequencyの略で大域的重みと呼ばれます。これはある形態素が、分析対象とする文書全体のうち、いくつに出現しているかを表す指標です。その数が小さければ、そのテキスト集合においてはまれな形態素であり、一部のテキストのみを特徴づけていると考えることができるわけです。

　IDFの計算方法にもいくつか提案がありますが、Pythonのscikit-learnライブラリでは次の定義が実装されています。ここでDは文書の数であり、d_iは、形態素w_iが1回でも出現した文書の数に相当します。

$$idf_i = log(\frac{D+1}{d_i+1}) + 1$$

　一般的にはTFとIDFそれぞれの結果を掛けあわせます。さらに、この乗算の結果から文書ごとの総語数の違いを相殺するために正規化を行います。正規化の方法にはいくつか提案がありますが、よく使われる方法として**コサイン正規化**があります。これは各文書の頻度をベクトルとみなし、ベクトルとしての長さを1に統一する方法です。

$$\sqrt{\sum (tf \times idf)^2}$$

重み付けには他にもさまざまな種類と計算方法が提案されていますが、詳細は、北ほか(2002)などを参照してください。

実際に実行してみましょう。まず、**CountVectorizer()** でBoWを生成し、これを **TfidfTransformer()** の引数にしてTF-IDFを計算します。

```
import my_janome as my_tokenizer
from sklearn.feature_extraction.text import CountVectorizer
from sklearn.feature_extraction.text import TfidfTransformer
vectorizer = CountVectorizer(tokenizer = my_tokenizer.tokens)
texts = ['太郎をねむらせ、太郎の屋根に雪ふりつむ。', ' 次郎をねむらせ、次郎の
屋根に雪ふりつむ。']
vectorizer.fit(texts)
bow = vectorizer.transform(texts)
tf_idf  = TfidfTransformer()
tf_idf.fit(bow)
tf_idf_bow = tf_idf.transform(bow)
print(tf_idf_bow.toarray())
```

```
[[0.23635096 0.23635096 0.23635096 0.23635096 0.23635096 0.23635096
  0.23635096 0.23635096 0.         0.66436605 0.23635096 0.23635096]
 [0.23635096 0.23635096 0.23635096 0.23635096 0.23635096 0.23635096
  0.23635096 0.23635096 0.66436605 0.         0.23635096 0.23635096]]
```

```
/mnt/myData/GitHub/textmining_python/lib/python3.8/site-packages/sklearn/
feature_extraction/text.py:484: UserWarning: The parameter 'token_pattern'
will not be used since 'tokenizer' is not None'
  warnings.warn("The parameter 'token_pattern' will not be used"
```

行ごとに正規化されているはずなので、検算してみましょう。ベクトルの各要素を自乗して合計すると1になっていればいいわけです。これはnumpyライブラリを使うのが簡単です。

```
import numpy as np
print(np.sum(tf_idf_bow.toarray() ** 2, axis = 1))
```

```
[1. 1.]
```

この出力から、2つ文章それぞれのベクトルの大きさが1に標準化されていることが確認できます。

なお、上記では **CountVectorizer()** と **TfidfTransformer()** を使ってTF-IDFを求めましたが、**TfidfVectorizer()** を使うことで一度で計算できます。

```
import my_janome as my_tokenizer
from sklearn.feature_extraction.text import TfidfVectorizer
texts = ['太郎をねむらせ、太郎の屋根に雪ふりつむ。', ' 次郎をねむらせ、次郎の
屋根に雪ふりつむ。']
tf_idf   = TfidfVectorizer(analyzer=my_tokenizer.tokens)
tf_idf.fit(texts)
tf_idf_bow = tf_idf.transform(texts)
print(tf_idf_bow.toarray())
```

```
[[0.23635096 0.23635096 0.23635096 0.23635096 0.23635096 0.23635096
  0.23635096 0.23635096 0.          0.66436605 0.23635096 0.23635096]
 [0.23635096 0.23635096 0.23635096 0.23635096 0.23635096 0.23635096
  0.23635096 0.23635096 0.66436605 0.          0.23635096 0.23635096]]
```

Nグラム

日常言語では、形態素の順番が文章の意味を理解する上で重要になります。しかしながら、ここまで取り上げたBoWというデータでは、形態素が文章に出現する順序は考慮されていません。「犬が猫を追う」と「猫が犬を追う」は、意味としてはまったく異なります。しかし、これらをBoWデータにすると、2つの文章は特徴量ベクトルがまったく同じになってしまいます。

一方で、多数の文章で構成される文書(テキスト)を、その内容の類似度で判別するような課題であれば、BoWをデータとしても問題のないことが多いのも事実です。

「犬が猫を追う」と「猫が犬を追う」のような文章を区別することが重要になるような課題の場合、単一の形態素ではなく、2つの形態素の並びを1つの単位としてカウントする方法があります。最初の文であれば「犬が」「が猫」「猫を」「を追う」の4つのペアがそれぞれ1回ずつ登場していると考えるのです。2つ目の文章は「猫が」「が犬」「犬を」「を追う」のそれぞれの頻度が1ということになります。この場合、2つの文章ベクトルの共通点は最後の「を追う」だけになります。このように2つの形態素を1つの単位とみなすことを2-gramあるいはバイグラム(bigram)といいます。

scikit-learnライブラリでは、**CountVectorizer()** の引数 **ngram_range** を指定することで**Nグラム**での解析が可能になります。引数には数字2つをタプル(組、ペア)として指定しますが、たとえば **c(1,2)** とすると、ユニグラム(単一の形態素)とバイグラム(形態素のペア)の両方をカウントできます。 **c(2,2)** と指定するとバイグラムだけが出力されます。

実際に実行してみましょう。次のコードの最後で、解析結果を保存した **ngram** から、特徴ベクトル2つを **toarray()** で、また抽出されたバイグラムの辞書を **get_feature_names()** で出力しています。

```
from sklearn.feature_extraction.text import CountVectorizer
vectorizer = CountVectorizer(tokenizer = my_tokenizer.tokens, ngram_range =
(2,2))
texts = ['犬が猫を追う。', ' 猫が犬を追う。']
vectorizer.fit(texts)
ngram = vectorizer.transform(texts)
print(ngram.toarray())
print(vectorizer.get_feature_names())
```

```
[[0 1 1 1 0 0 1 1]
 [1 0 1 0 1 1 0 1]]
['が 犬', 'が 猫', 'を 追う', '犬 が', '犬 を', '猫 が', '猫 を', '追う 。']
```

07 Bag of Words(BoW)

166

　バイグラムは文章の語順を反映したデータを得られますが、しかしながら、データ数が非常に多くなります。語順を無視する場合、2つの文章で登場する要素は「犬」「猫」「が」「を」「追う」「。」の6つとなりますが、バイグラムの場合は8つに増えています。このうち、最後の「を追う」と「追う。」は2つの文章のどちらにも出現していますが、他の6つの要素は一方にしか出現していません。

　一般にバイグラムを単位として頻度データを作成すると、データのサイズは増えます。これは、コンピュータのメモリを圧迫し、計算負荷を増大させます。また、文書ベクトルに0が増えるということは、ベクトル間の共通性を識別することが難しくなる可能性があります。

　バイグラムが適切な事例としては、執筆者を識別する課題が有名です。文章の執筆者を判別させる場合、助詞と読点の組み合わを数えることが有効なのです（第2章で紹介した通りです）。

07 | Bag of Words (BoW)

167

ネットワーク分析

　語順を考慮し、2つの形態素のつながりがわかると、テキストの内容がよりわかりやすくなるのも事実です。そこで、PythonのnetworkXライブラリを使って、2つの形態素のつながりを可視化してみましょう。なお、下記に掲載するPythonの命令はかなり複雑なので、とりあえずコピー＆ペーストで実行できることが確認できれば、それで十分です。

　これまでと同じ方法で『注文の多い料理店』から名詞、形容詞、動詞に限定して、形態素のバイグラムの頻度表を作成しましょう。なお、単独のファイル名を指定する場合でも、鉤括弧を併用してリストとすることを忘れないようにしてください。

　バイグラムはデフォルトでは'黒い 扉'のように半角スペースで分離された文字列となっていますが、これを2つの文字列に分け、**('黒い','扉')** のように、要素が2つのタプルに変えます。**CountVector()** が作成する辞書は **cv.get_feature_names()** でアクセスできますが、このすべて要素を半角スペースを区切りに2つの文字列に分離するわけです。これには、**map()** を利用すると便利です。続いて、networkXへの入力に適したタプルに変え、それぞれのバイグラムの頻度情報とまとめてデータフレームにします。頻度情報は **docs.toarray()** でアクセスできますが、これはリスト1つを要素とする2次元リストになっているので、numpyの **flatten()** を使って1次元に落とし込みます。

```
from sklearn.feature_extraction.text import CountVectorizer
import pandas as pd
import numpy as np
cv = CountVectorizer(input = 'filename', tokenizer=my_tokenizer.tokens,
ngram_range=(2,2))
docs = cv.fit_transform(['chumonno_oi_ryoriten.txt'])
res = map(lambda x : x.split(' '), cv.get_feature_names())
res = map(tuple, res)
res = zip(res, np.array(docs.toarray()).flatten())
res = pd.DataFrame(res, columns=['bigram', 'freq'])
res
```

	bigram	freq
0	(restaurant, 西洋料理)	1
1	(wildcathouse, 山猫)	1
2	(...。, がたがた)	1
3	(...。, ふるえる)	1
4	(あいつら, はいる)	1
...	...	...
1087	(黄いろ, 字)	1
1088	(黄いろ, 横っ腹)	1
1089	(黒い, 台)	1
1090	(黒い, 扉)	1
1091	(黒塗り, 立派)	1

1092 rows × 2 columns

実のところ、バイグラムは頻度が1の場合が圧倒的に多くなります。このままグラフに表示しても内容を読み解くには複雑すぎるので、2回以上出現したバイグラムにデータを限定しましょう。そこでpandasライブラリのqueryで条件指定して、一部の行だけを残すことにします。query()には引数として、条件を表す文字列を与えて実行します。そのうえで、データをバイグラムと頻度の辞書に改めます。

```
res2 = res.query('freq > 1')
d = res2.set_index('bigram').T.to_dict('records')
```

グラフを描く前に、日本語の設定を行います。

```
%matplotlib inline
import matplotlib.pyplot as plt
from matplotlib import rcParams
import networkx as nx
rcParams['font.family'] = 'sans-serif'
rcParams['font.sans-serif'] = ['Yu Gothic', 'Meirio', 'Hiragino Maru Gothic
Pro', 'Takao', 'IPAexGothic', 'IPAPGothic', 'VL PGothic', 'Noto Sans CJK JP']
```

準備ができたので、2つの形態素のつながりを表すネットワークを構成します。**networkx**ライブラリのインスタンスを作成し、形態素と形態素を結ぶ辺を追加します。

07

Bag of Words (BoW)

169

```python
G = nx.Graph()

## 辺を作成する
for k, v in d[0].items():
    G.add_edge(k[0], k[1], weight=(v * 10))
```

これで、ようやくグラフが作成できます。

```python
fig, ax = plt.subplots(figsize=(10, 8))
pos = nx.spring_layout(G, k=2)
## ネットワークの描画
nx.draw_networkx(G, pos,
                 font_size=16,
                 width=3,
                 edge_color='grey',
                 node_color='purple',
                 with_labels=False,
                 ax=ax)

## ラベル(形態素)の追加表示
for key, value in pos.items():
    x, y = value[0]+.135, value[1]+.045
    ax.text(x, y,
            s=key,
            bbox=dict(facecolor='red', alpha=0.25),
            horizontalalignment='center', fontsize=13)
```

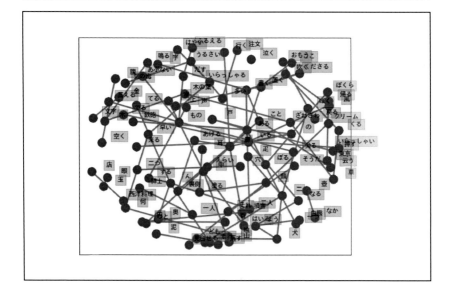

文書単語行列

次に、複数のファイルを読み込んで、それぞれに形態素解析を適用してBoWを作成する方法を説明しましょう。前章でフォルダから複数のファイルを読み込み、文字数をカウントする方法は説明しました。基本的に、この手順を踏襲することになります。

まずは簡単な例で復習しておきましょう。ここで doc というフォルダに3つの文書（テキスト）があり、それぞれの内容が「私は学生です。」「彼女は数学の学生です。」「彼女は数学を学んでいます。」とします。

なお、この文書データは本書のサポートサイト[1]からダウンロードできます。

この3つの文書から次のような表（行列）を作ることを考えます。作業としては、次のようになります。

1 それぞれ文書へのパスをリストにする
2 フォルダ名を「CountVectorizer()」に渡す

文書へのパスは os ライブラリの os.listdir() にフォルダ名を指定することで取得できます。下記ではリスト内包表記を使って path にディレクトリへの絶対パスを files に保存しています。なお、絶対パスとは、ファイルがパソコンのどの階層に保存されているかを指定する方法で、Windowsだと C:¥Users¥ishida¥Documents などとなり、Macだと /Users/ishida/Documents などとなるはずです。

続いて CountVectorizer() で、引数 input に 'filename' と指定します。その上で fit() と transform() のそれぞれにファイル名を保存したリストである files を与えて実行することになります。

ただ、ここで fit() と transform() を同時に行う fit_transform() を利用しました。この学習結果を、別の文章集合に適用して結果を確認することはしないからです。

```
from sklearn.feature_extraction.text import CountVectorizer
import os
## この Path は自分の環境に合わせて変更する必要があります
path = '/home/ishida/GitHub/textmining_python/textmining/data/doc'
files = os.listdir(path)
files = sorted(files)
print(files)
files = [path + '/' + txt_name for txt_name in files]

from sklearn.feature_extraction.text import CountVectorizer
cv = CountVectorizer(input = 'filename', tokenizer=my_tokenizer.tokens)
```

▼

07
Bag of Words (BoW)

```
docs = cv.fit_transform(files)
print('3ファイルの頻度表')
print(docs.toarray())
print('形態素ととそのインデックスを確認')
print([ (v, k) for v, k in cv.vocabulary_.items()])
```

```
['doc1.txt', 'doc2.txt', 'doc3.txt']
3ファイルの頻度表
[[0 0 1 0 0 1]
 [0 0 1 1 1 0]
 [1 1 0 1 1 0]]
形態素ととそのインデックスを確認
[('私', 5), ('学生', 2), ('彼女', 3), ('数学', 4), ('学ぶ', 1), ('いる', 0)]
```

6つの要素(頻度)を持つ3つのリストが、1つのリストにまとめられています。これを**文書単語行列**と表現します。行に文書、そして列に単語を取り、成分が頻度を表した行列です。

	いる	学ぶ	学生	数学	私
doc1	0	0	1	0	0
doc2	0	0	1	1	1
doc3	1	1	0	1	1

行に単語を列に文書をとった場合は**単語文書行列**ということになります。

	doc1	doc2	doc3
いる	0	0	1
学ぶ	0	0	1
学生	1	1	0
数学	0	1	1
学生	0	1	1
私	1	0	0

ちなみに、本書で定義した `my_tokenizer.tokens()` はデフォルトで名詞、形容詞、動詞のみを抽出するように設定しています。もし、すべての品詞を抽出したい場合は、引数 `pos=[]` を指定します。

ただし、上記の例では `my_tokenizer.tokens()` を `CountVectorizer()` の引数として渡しています。この場合、`my_tokenizer.tokens()` への引数はラムダ演算子を使って `tokenizer=lambda text: my_tokenizer.tokens(text, pos=[])` とします。

ジェネレータを使って多数のファイルを読み込む方法

やや高度な話題になりますが、分析対象となる文書を指定する方法として、リストではなく、ジェネレータを与えることも可能です。文書のサイズが大きい、あるいは対象の文書数が多い場合は、ジェネレータを利用したほうが実行効率は良くなります(コードはわかりにくくなりますが)。下記では、まず **files_generator** というジェネレータを定義し、これを **CountVectorizer()** への引数として与えて読み込んでいます。

```python
import os
def file_gen(path):
    files = os.listdir(path)
    for x in files:
        yield(x)

files_generator = file_gen(path)

from sklearn.feature_extraction.text import CountVectorizer
cv = CountVectorizer(files_generator, analyzer=my_tokenizer.tokens)
docs = cv.fit_transform(files_generator )
docs.toarray()
```

```
/mnt/myData/GitHub/textmining_python/lib/python3.8/site-packages/sklearn/
utils/validation.py:67: FutureWarning: Pass input=<generator object file_
gen at 0x7fd8cb9daac0> as keyword args. From version 0.25 passing these as
positional arguments will result in an error
  warnings.warn("Pass {} as keyword args. From version 0.25 "

array([[1, 1, 0, 0, 1, 1],
       [1, 0, 0, 1, 1, 1],
       [1, 0, 1, 0, 1, 1]])
```

ここでは主に語順を無視してBoWを作成する方法を解説しました。文書の集合体(コーパス)を対象に、それぞれの文書の内容的な類似度を判別するような分析の場合、語順を無視したBoWデータを入力としても、十分な結果が得られることが多いです。

CHAPTER 08

アンケート分析

　本章ではケーススタディとして、アンケート分析を行ってみます。

アンケート分析

テキストマイニングの最初の一歩として、アンケートの自由記述文の分析を行ってみましょう。ここでは2008年、沖縄県観光商工部観光企画課（当時）がサイト上で公開していたデータを利用させてもらいます。データは、県外から沖縄を訪れた国内観光客に記述アンケートを求め、出身地区、年齢、性別、満足度、そして自由意見を記してもらったものです。なお、回答者個人を特定する情報はもともと保存されていませんでした。使用許可をお与えくださった関係部署に感謝します。

データファイルは本章のGitHubサポートサイトからダウンロードしてください。

まずpandasを使ってデータを読み込みましょう。なお、Excelのxlsxファイル（OOXML形式）をpandasで読み込むには**openpyxl**ライブラリをインストールしておき、**read_excel()** で引数 **engine** を指定する必要があります。

```
import pandas as pd
import openpyxl as px
okinawa = pd.read_excel('H18koe.xlsx', engine='openpyxl')
```

info() で読み込まれたデータの列に関する情報をみてみましょう。

```
okinawa.info()
```

```
<class 'pandas.core.frame.DataFrame'>
RangeIndex: 331 entries, 0 to 330
Data columns (total 5 columns):
 #   Column   Non-Null Count  Dtype
---  ------   --------------  -----
 0   Opinion  331 non-null    object
 1   Region   328 non-null    object
 2   Sex      327 non-null    object
 3   Age      327 non-null    object
 4   Satis    311 non-null    object
dtypes: object(5)
memory usage: 13.1+ KB
```

データのレコード数（行数:RangeIndex）は331件で、5つの列（columns）があることがわかります。自由意見を記した **Opinion** には欠損値はありません。その他の列には若干の欠損値があります。特に満足度については20件（331-311）の未回答があるようです。

改めて、各列の欠損データ数を確認してみましょう。レコードの各列ごとに欠損値がどうかを確かめるのが **isnull()** であり、**sum()** でその合計を列ごとに求めます。

```
okinawa.isnull().sum()
```

```
Opinion      0
Region       3
Sex          4
Age          4
Satis       20
dtype: int64
```

　自由記述以外の列はカテゴリ（男あるいは女など、複数項目から選択する）なので、それぞれの列の概要を describe() で確認してみましょう。 opinion は drop() で省いて、他の列を要約します。

```
okinawa.drop(columns='Opinion').describe()
```

	Region	Sex	Age	Satis
count	328	327	327	311
unique	6	2	7	5
top	関東	女性	６０代	大変満足
freq	123	186	79	147

　居住地域区分を記録した列 Region には328件の回答がありますが、区分の種類は6種類あり、最も多いのは「関東」で123件の回答があります。男女についていうと、女性の回答が186件で男性よりもやや多いです（なお、やや古い調査なので「男」か「女」以外の選択肢はそもそも設問になかったようです）。年代は60代が最多数で、回答者の半分近くが沖縄観光に満足しています。もっとも、観光に余り満足していなかったり、不満を感じた旅行者はアンケートには協力しない傾向もあり、そうした方々の回答は得られていないと考えるほうがよいでしょう。

　なお、本書では居住地域の情報(Region)は利用しません。そこで、データから削除しておきます。さらに、他の列についても欠損値が含まれるレコード（行）も使わないことにします。 dropna() の引数 how に any を与えると、いずれかの列に欠損値が含まれているレコードは削除されます。ちなみに、 all を与えると、対象とする列のすべてが欠損値であるレコードだけが削除されます。ここでは、前者の指定を使って、1列でも欠損値があるレコードを省くことにします。

177

```
df = okinawa.drop(columns='Region').dropna(how='any')
print(df.shape)
```

```
(305, 4)
```

結果として305レコードが残りました。

独立性の検定

　さて、自由回答の分析に入る前に、選択肢への回答数について統計的な分析を試みてみましょう。たとえば、満足度に性別による違いはあるでしょうか。これを確認するためには、性別と満足度を組み合わせた表を作成します。これを**分割表**（クロス表）といいます。

```
cross_tab = pd.crosstab(df.Sex, df.Satis)
cross_tab
```

Satis	やや不満	やや満足	大変不満	大変満足	該当しない
Sex					
女性	6	78	1	91	0
男性	8	64	1	54	2

　Satis 列の水準（回答選択肢）の並びが文字コード順になっているためわかりにくいのですが、「大変満足」ないし「やや満足」と回答した観光客が圧倒的に多いことがわかります。先にも述べたように、このアンケートに積極的に回答を寄せてくれた方の多くが、沖縄観光に満足した好意的な旅行者に集中したためという解釈もできます。なので、この結果から、一般に沖縄を訪れた旅行者の多くが観光に満足すると断定することはできないでしょう。

　そこで、ここでは満足度に男女差があるかどうかを確認してみたいと思います。こうしたクロス表において、そのセル（該当項目）への回答数の違いを調べる統計的な手法として、**独立性の検定**という方法があります。**カイ自乗検定**ともいわれます。

▍カイ自乗検定の原理

　たとえば、高校生と中学生の男子64人に、ある栄養補助食を試食をしてもらい、「満足」か「不満足」を判断したとします。集計した結果が次のようなクロス表にまとめられたとします。

	満足	不満足
中学生	18	17
高校生	14	15

　単純に「満足」と回答した数では中学生の方が多いのですが、そもそも回答の総数に占める中学生の数（35人）が多いことが考慮されなければならないでしょう。割合を見てみると、中学生は35人のうち18人が「満足」と答え、高校生は29人のうち14人が「満足」と回答していますから、前者は約0.51、後者は約0.52となり、高校生グループの方が「満足」と回答する割合が少しだけ高くなっています。

とはいえ、回答してくれた中学生も高校生も、いま地球上に存在している（あるいは、すでに卒業してしまったか、今後入学してくるであろう）中高生男子のごく一部でしかありません。

一般にデータ分析において、分析に使えるデータの数は限られています。しかしながら、限られたデータからある程度一般化可能な結論を導き出すための手順が提案されています。それが、仮定を確率的に判断する**検定**です。ここで扱う独立性の検定もその1つです。カイ二乗検定は独立性の検定のなかで、最もポピュラーな方法です。その手順を追ってみます。

まず、先の分割表の横と下に合計値を付け加えましょう。

	満足	不満足	合計
中学生	18	17	35
高校生	14	15	29
合計	32	32	64

こうしてみると、満足と不満足の合計はそれぞれ32で同じです。ここから、総数でみると満足と答える割合が0.5だとわかります。すると、理論的には中学生も高校生もそれぞれ回答数の半分が「満足」と回答すると「期待」できるでしょう。つまり、中学生だと$35 \times 0.5 = 17.5$が、また高校生だと$29 \times 0.5 = 14.5$が「満足」と回答することが「期待」されます。ところが実際の回答はそうなっていません。実際の回答数と期待値の引き算をしてみます。

	満足	不満足	合計
中学生	(18-17.5)=0.5	(17-17.5)= -0.5	0
高校生	(14-14.5)= -0.5	(15-14.5)=0.5	0
合計	0	0	0

分割表で実測値と期待値の単純な合計は必ず0になりますが、ここで実測値と期待値の差を自乗して、それを期待値で割るという操作をしてみます。

	満足	不満足	合計
中学生	$(18-17.5)^2 \div 17.5 = 0.014$	$(17-15.5)^2 \div 17.5 = 0.014$	0.028
高校生	$(14-14.5)^2 \div 14.5 = 0.017$	$(15-14.5)^2 \div 14.5 = 0.017$	0.034
合計	0.031	0.031	0.062

自乗しているので、合計しても0にはならず、0.062という数値が求められました。実測値から期待値を引いて自乗し、期待値で割った値を合計した数値を**カイ自乗値**といいます。カイ自乗値は、実測値と期待値の差の指標になります。つまり、カイ自乗値が大きいのであれば、中学生と高校生の間（一般的にはグループ間）に差があると判断できます。問題は、このカイ自乗値（差の指標）が大きいのか小さいのかです。ここで、カイ自乗値の大きさを確率で判断します。実はカイ自乗値はカイ自乗分布という確率分布に従う数値です。カイ自乗分布はグラフで表すと182ページのような図になります。

```
import math
import numpy as np
from scipy.stats import chi2
import matplotlib.pyplot as plt
plt.style.use('ggplot')
## 自由度
dfg = 1

xc = chi2.ppf(0.95, dfg)
x = np.linspace(0, xc*2.5, 100)
y = chi2.pdf(x, dfg)
x2 = np.linspace(xc, xc*2.5, 20)
y2 = chi2.pdf(x2, dfg)

ymax = round(np.max(y), dfg)
ymax = 0.8

fig = plt.figure()
ax = fig.add_subplot()
ax.grid()
ax.plot(x, y, '-', color='blue', linewidth=1.0, label=f'dfg={dfg}')
ax.fill_between(x2, y2, '-', color='red')
ax.set_title('Chi-Square Distribution')
## Y軸メモリをリスト内方法表記で生成
yticks = np.arange(0.0, ymax+0.1, 0.2)
yticklabels = ['%.2f' % x for x in yticks]
ax.set_yticks(yticks)
ax.set_yticklabels(yticklabels)
ax.legend()
ax.set_xlabel('x')
ax.set_ylabel('p(x)')
## 下の1行はなくても良いが、実行しないと画像についての情報が出力される
plt.show()
```

08
アンケート分析

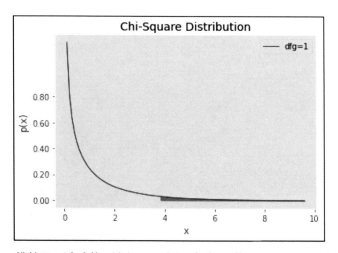

グラフの横軸がカイ自乗値に対応しています。自乗した値なのでマイナスの値はありません。カイ自乗分布の曲線とx軸で挟まれた範囲の面積（つまり積分した値）は1.0となります。これは確率の最大値に対応しています。上記のグラフではx軸で約3.8の位置から右端を塗りつぶしていますが、この部分の面積は0.05になります。X軸と曲線と挟まれた領域の面積全体が確率が対応してるので、これはカイ自乗値が3.8より大きくなる確率は0.05未満であることに対応します。確率が0.05というのは、別の表現をすると20回に1回の確率ということになります。実は、統計学の文脈では、20回に1回以上起こる現象であれば珍しくないと考えますが、20回に1回も起きないような出来事は非常に稀であると判断します。これは約束事なので、基準を100回に1回としても構わないのですが、ただし、約束事として、判断を行う側では全員がこの基準に納得しておく必要があります。

　Pythonで先ほどの中高生の回答からカイ自乗値を求めてみましょう。まず分割表を作成し、これにSciPyライブラリの **chi2_contingency()** を適用します。引数には分割表を表す変数を指定します。ここではさらに **correction=False** を指定しています。これはイェーツの補正を行わないことを指定しています。

　イェーツの補正は、2行2列の分割表にカイ自乗値を適用する場合に計算の精度がやや劣るのを防ぎます。デフォルトではイェーツの補正が行われますが、この場合、先に示した手計算の結果と数値がズレてしまうので、ここではあえて **False** を指定して、補正を行わないようにしています。ただ、一般には2行2列の分割表については、イェーツの補正を適用するべきです。

```
from  scipy import stats
tab = [[18,17], [14,15]]
chi2, p, dof, ef =  stats.chi2_contingency(tab, correction=False)
print(f'カイ自乗値={chi2}, P値 ={p}, 自由度={dof}')
print('期待値 -----')
print(ef)
```

```
カイ自乗値=0.06305418719211822, P値 =0.8017322126569817, 自由度=1
期待値 -----
[[17.5 17.5]
 [14.5 14.5]]
```

　カイ自乗値として、先ほど手計算で求めた値（端数が切り捨てられた合計値とほぼ同じ値）が得られました。確率はP値といいますが、これは求められたカイ自乗値よりも右側の面積になります。

```
import math
import numpy as np
from scipy.stats import chi2
import matplotlib.pyplot as plt
plt.style.use('ggplot')

dfg = 1
xc = chi2.ppf(0.95, dfg)
x = np.linspace(0, xc*2.5, 100)
y = chi2.pdf(x, dfg)
x2 = np.linspace(0.8, xc*2.5, 20)
y2 = chi2.pdf(x2, dfg)
ymax = round(np.max(y), dfg)
ymax = 0.8

fig = plt.figure()
ax = fig.add_subplot()
ax.grid()
ax.plot(x, y, '-', color='blue', linewidth=1.0, label=f'dfg={dfg}')
ax.fill_between(x2, y2, '-', color='red')
ax.set_title('Chi-Square Distribution')
yticks = np.arange(0.0, ymax+0.1, 0.2)
yticklabels = ['%.2f' % x for x in yticks]
ax.set_yticks(yticks)
ax.set_yticklabels(yticklabels)
ax.legend()
ax.set_xlabel('x')
ax.set_ylabel('p(x)')
## 下の1行はなくても良いが、実行しないと画像についての情報が出力される
plt.show()
```

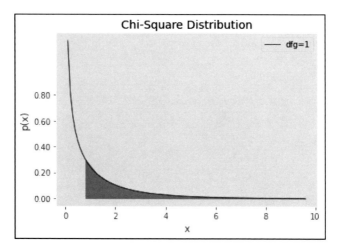

　求められたカイ自乗値より右の面積は0.05を大きく超えています。これは、今回の中高生それぞれの回答で、この程度の差が生じるのは「ままあること」だと解釈できます。つまり、この栄養補助食品について中学生と高校生で満足度に差がないという結論を出すのが妥当だということになります。もし中学生と高校生の間で満足度に違いがあるというのであれば、それは分割表から求められたカイ自乗値が3.8を超えている場合です。

　ちなみに出力にある**自由度**は、セルの行数から1を引いた値と、列数から1を引いた値を乗算した値です。中高生データの場合、$(2 - 1) \times (2 - 1)$となります。下記の表を見てください。

	満足	不満足	合計
中学生	1	?	2
高校生	?	?	2
合計	2	2	4

　この分割表で?の部分に入る数値はすぐにわかるはずです。4つセルがある分割表で、行および列の合計（や平均値）がわかっている場合、どれか1つのセルの値が明らかになれば、残り3つセルの値は自動的に決まります。つまり4つのセルのうち、自由に設定できるのは1つだけです。これが自由度です。

　カイ自乗分布は自由度によって形状が変わります。

```
from scipy import stats
import numpy as np
import matplotlib.pyplot as plt
plt.style.use('ggplot')
x = np.linspace(0, 10, 100)
fig,ax = plt.subplots(1, 1)
ax.set_ylim([0,.5])
```

▼

```
## カラー名リスト（略号）を用意
colorlist = ['r', 'g', 'b', 'c', 'm', 'y']
## 自由度を設定
degrees_of_freedom=[1, 3, 5, 7, 9, 11]

for dgf, ls in zip(degrees_of_freedom, colorlist):
    ax.plot(x, stats.chi2.pdf(x,dgf), color = ls, label='dfg={}'.
format(dgf))
ax.legend();
## 下の1行はなくても良いが、実行しないと画像についての情報が出力される
plt.show()
```

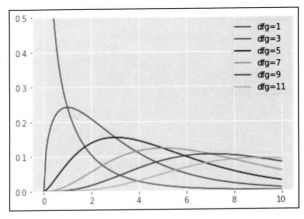

　形状は異なりますが、いずれの場合も求められたカイ自乗値（X軸の値）から右側の
面積、つまりP値を判断に用います。

仮説検定

　カイ自乗検定を行うには、本来、次のような手順を取る必要があります。まず仮説を立てます。古典的な統計的検定では2つの仮説が必要です。最初に「中学生と高校生の回答に差はない」とする仮説を立てます。実際には差がある結果が得られているわけですが、この意味は「本来は」的なニュアンスだと考えるとよいでしょう。これを統計学では**帰無仮説**と呼んでいます。もう1つの仮説は**対立仮説**です。これは「中学生と高校生では回答に違いがある」とします。

　統計的検定では、まず帰無仮説が正しいとします。そして、この仮説が正しい場合、今回の調査結果（中学生と高校生の回答差）が得られる統計量を計算します。カイ自乗検定において統計量は**カイ自乗値**のことです。カイ自乗値は、先に示したように確率に対応させることができます。この確率が0.05未満であれば、「非常にまれなデータが観測された」ことになるわけですが、これをさらに一歩進め、珍しい現象が起こったのではなく、そもそも最初の仮説（帰無仮説）が間違っていたのだと判断するのが統計的検定です。帰無仮説が誤っていたならば、もう1つの対立仮説が正しかったことになります。

　中学生と高校生データについていえば、レポートや論文では、「カイ自乗検定を適用したところ、自由度1のカイ自乗値は0.064でP値は0.80であった。ここから帰無仮説は保留され、栄養補助食品について中学生と高校生で評価回答に差はないと判断される。」と表現することになるでしょう。

　ちなみに、P値が0.05未満であれば、対立仮説を採択しますが、これを「有意な差があった」と表現します。ところで、「帰無仮説を保留する」という言い方がなされています。これは「帰無仮説を棄却できない」ということです。実は、P値が0.05以上であったとしても、それは「帰無仮説が正しい」ことを証明するものではありません。本当は帰無仮説は間違っているのかもしれませんが、今回得られたデータからは、対立仮説を採択するだけの根拠を得られたなかった、ということなのです。

　帰無仮説と対立仮説を立ててから仮説検定を行い、確率の値（P値）に基づいて判断を行うのが、カイ自乗検定に限らず、古典的な統計的検定の一般的な手順です。

　それでは、話を沖縄観光データでの満足度の違いに戻しましょう。

クロス表の作成とカイ自乗検定

　沖縄観光データから作成した分割表にカイ自乗検定を適用してみましょう。ただし、もとデータでは満足度が5段階になっていますが、「大変不満」と「やや不満」と回答した被験者数は非常に少ないです。

```python
print('大変満足とやや満足の回答頻度')
print('--------------------')
print(cross_tab.loc[:, ['大変満足', 'やや満足']])
print('-------------')
print('男女別合計数')
print(cross_tab.loc[:, ['大変満足', 'やや満足']].sum(axis=1))
print('--------------------')
print('大変不満とやや不満の回答頻度')
print('--------------------')
print(cross_tab.loc[:, ['大変不満', 'やや不満']])
print('-------------')
print('男女別合計数')
print(cross_tab.loc[:, ['大変不満', 'やや不満']].sum(axis=1))
```

```
大変満足とやや満足の回答頻度
--------------------
Satis   大変満足   やや満足
Sex
女性       91      78
男性       54      64
-------------
男女別合計数
Sex
女性     169
男性     118
dtype: int64
--------------------
大変不満とやや不満の回答頻度
--------------------
Satis   大変不満   やや不満
Sex
女性        1       6
男性        1       8
-------------
```

187

```
男女別合計数
Sex
女性    7
男性    9
dtype: int64
```

　カイ自乗検定では、回答数が極端に少ないセルがあると、カイ自乗値を正しく計算できない欠点があります。期待値が5未満というのが目安になります。今回は、「大変満足」と「やや満足」、また「大変不満」と「やや不満」を統合してみましょう。

```
X1 = cross_tab.loc[:,['大変満足','やや満足']].sum(axis=1)
X2 = cross_tab.loc[:,['大変不満','やや不満']].sum(axis=1)
cr_tb = pd.concat([X1, X2], axis=1)
cr_tb.rename(columns={0:'満足',1:'不満'}, inplace=True)
print(cr_tb)
```

```
        満足    不満
Sex
女性    169    7
男性    118    9
```

　男女とも、圧倒的に「満足」という回答が多いのですが、この男女差に意味があるのかどうかを調べるためにカイ自乗検定を使ってみます。

```
from  scipy import stats
chi2, p, dfg, ef = stats.chi2_contingency(cr_tb, correction=False)
print(f'カイ自乗値 = {chi2:.3f} P値 = {p:.3f} 自由度={dfg:.3f}')
print('--- 期待値 ---')
print(ef)
```

```
カイ自乗値 = 1.426 P値 = 0.232 自由度=1.000
--- 期待値 ---
[[166.70627063    9.29372937]
 [120.29372937    6.70627063]]
```

　カイ自乗値が約1.43で、P値は0.232ですので、帰無仮説は保留されます。つまり、沖縄観光の満足度に男女で差はないと判断されます。もう少し形式的に書くのであれば、「男女別の満足度を表す分割表にカイ自乗検定を適用したところ、カイ自乗値は約1.43で自由度1のP値は約0.232であった。よって帰無仮説は保留され、男女で満足度に差があるとは認められないという結果になった」となります。

自由記述文の形態素解析

さて、それではアンケートの自由記述文を分析してみましょう。まずは、ざっくりと、どのような単語が使われているかを視覚的に確認してみたいと思います。WordCloudを作成してみましょう。

ここで**wordcloud**ライブラリを利用しますが、欧米語のように単語と単語の間に半角スペースがある言語では、入力文から直接WordCloudを作成できます。日本語の場合、まず形態素解析を適用する必要があります。分割した結果を `WordCloud()` に与えるには、すべての形態素を半角スペースで区切った文章とするか、あるいは形態素ごとに出現頻度をまとめた辞書を用意するか、どちらの方法で処理をしておきます。

ここでは形態素をリストにまとめておき、これを `WordCloud()` に与える際に半角スペースで区切られた文字列に変えることします。

Excelファイルで自由記述文は、回答者（行、レコード）ごとに `Opinion` 列に保存されています。そこで、行ごとに `Opinion` 列を読み込んで、MeCabのメソッドを適用して文章を形態素に分割し、形態素のリストを作成することを繰り返す処理が必要になります。形態素解析は先に自作したモジュール `my_mecab` を使います。 `for` 文で各行ごとに `Opinion` 列の文字列を形態素解析した結果を、用意したリストに次々と追加していきます。

```
import my_mecab as my_tokenizer
words = []
for txts in df.loc[:, 'Opinion']:
    lists = my_tokenizer.tokens(txts)
    words.extend(lists)
```

ちなみに、形態素解析器としてJanomeを利用したいのであれば、次のようにします。

```
import my_janome as my_tokenizer
words = []
for txts in df['Opinion']:
    lists = my_tokenizer.tokens(txts)
    words.extend(lists)
```

これで回答者全員の自由記述文の単語が分割され、出現したすべての形態素が1つのリストに保存されました。ただし、このリストには「この」や「あの」など、沖縄観光に特有とはいえない形態素が多数含まれています。そこで、描画の際、こうした単語を省く処理を行います。

　つまり、ストップワードを削除します。MeCabの基礎を学んだ章で紹介したストップワードリストをダウンロードしてPythonのリスト（正確にはセット）オブジェクトにします。ただし、ここでリストにいくつかの単語を追加しています。「沖縄」や「観光」などは、沖縄観光旅行についてのアンケートなので、回答で使われていたとしても、何ら新しい情報ではないでしょう。

```python
import urllib.request
url = 'http://svn.sourceforge.jp/svnroot/slothlib/CSharp/Version1/SlothLib/
NLP/Filter/StopWord/word/Japanese.txt'
urllib.request.urlretrieve(url, 'stopwords.txt')

stopwords = []
with open('stopwords.txt', 'r', encoding='utf-8') as f:
    stopwords = [w.strip() for w in f]

stopwords.extend(['あの', 'この', 'ある', 'する', 'いる', 'できる', 'なる',
'れる', 'の', 'ら', 'しまう', 'は', '沖縄', '観光', '旅行', '思う'])
stopwords = set(stopwords)
len(stopwords)
```

```
327
```

　合計で327個のストップワードが用意できました。それではWordCloudを描いてみましょう。wordcloudライブラリの **WordCloud()** に画像のサイズ、利用するフォント、表示する最大語数などを指定します。日本語の場合、利用しているコンピュータにインストールされた日本語フォントを指定しなければ文字が表示されません。

　注意すべきなのは、テキストは **WordCloud()** の中に指定するのではなく、**WordCloud()** の後ろに付記した **generate()** メソッドの中に指定することです。もう少し正確に説明すると、**WordCloud()** によって生成されるオブジェクトが持つ **generate()** メソッドがテキストを処理することになります。テキストはリストではなく、形態素が半角スペースで区切られた文字列として与える必要があるので、**' '.join()** を利用しています。

```python
from  wordcloud import WordCloud
import matplotlib.pyplot as plt
%matplotlib inline
plt.figure(figsize=(20, 10))
wd = WordCloud(background_color='white',
    ## フォントについては利用環境に合わせて指定(66ページを参照)
    font_path='/usr/share/fonts/truetype/takao-gothic/TakaoPGothic.ttf',
    width=600, height=300, stopwords=stopwords, max_words=100).generate('
'.join(words))
```

▼

```
plt.imshow(wd)
plt.axis('off')
plt.show()
```

```
(-0.5, 599.5, 299.5, -0.5)
```

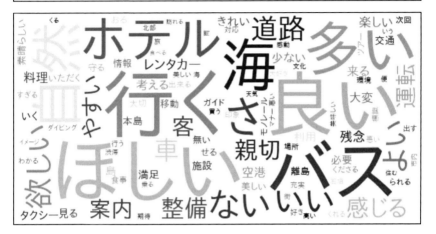

　グラフからは、観光にまつわる言葉が多く使われていることが確認できます。その意味では、期待通りの結果です。とはいえ、ここから新しい知見が得られたとは言い難いでしょう。

　そこで、このWordCloudに描かれた形態素に、性別あるいは年齢による違いがないかを確認してみましょう。

対応分析

ここで性別と年齢の組み合わせた場合の回答数を確認してみましょう。

```
cross_tab = pd.crosstab(df.Sex, df.Age)
cross_tab
```

Age	10代	20代	30代	40代	50代	60代	70代
Sex							
女性	4	37	35	15	42	36	7
男性	0	9	21	27	25	33	14

10代と70代の回答が非常に少ないことがわかります。そこで削除するか、あるいは近い水準（グループ）に統合することが考えられます。ここでは10代と20代を、または70代と60代を統合することにします。その上で、年代と性別で回答を分け、それぞれのグループごとに形態素の利用頻度を調べます。次のような配列を作成することを目的とします。

属性	海	車
20代・女	7	2
20代・男	3	5
30代・女	8	5
30代・男	5	5
40代・女	7	3
40代・男	3	6
50代・女	3	3
50代・男	2	4
60代・女	3	2
60代・男	3	2

これは、いま分析しているアンケート結果から実際に求めた数値です。年代と性別の組み合わせごとに、「海」と「車」が何回出現したかを配列にしたものです。このような配列を、**文書単語行列**（Document Term Matrix）といいます。形態素（単語）を行にもってくるのであれば、**単語文書行列**（Term Document Matrix）ということになります。

方法はいろいろありますが、ここではscikit-learnライブラリを利用することとし、公式ドキュメントにあるヒント[1]に従って、自由記述文を、形態素が半角スペースで区切られた文字列に変換します。

[1]：https://scikit-learn.org/stable/modules/feature_extraction.html

　まずデータフレームを属性（年代と性別の組み合わせ）ごとに抽出し、自由記述文を形態素に区切った文字列を作成します。これをすべての属性に適用すると、年代と性別の組み合わせ数である10個の文字列ができます。これらを1つのリストにまとめ、scikit-learnライブラリの **CountVectorizer()** を使って配列にします。

　まずデータフレームの20代女性の自由記述文を形態素解析してみましょう。 **Sex** と **Age** を条件指定して、レコードを抽出します。これにはpandasの**query**を利用します。なお、条件を表す文字列をシングルコーテーションで囲んでいますが、その内部で変数の水準名を指定する際にはダブルコーテーションを使っていることに注意してください。 **&** は「かつ」ということです。

```
sub_data = df.query('Sex == "女性" & Age == "２０代"')
sub_data.shape
```

```
(37, 4)
```

　このデータフレームの **Opinion** 列に形態素解析を適用することで、20代女性の自由記述文から名詞、形容詞、動詞を取り出したリストが作成されます。

```
import my_mecab as my_tokenizer

female_20 = []

for txts in sub_data['Opinion']:
    lists  = my_tokenizer.tokens(txts)
    female_20.extend(lists)

len(female_20)
```

```
724
```

　これを、属性の組み合わせごとに実行すればよいわけです。さて、ここで10パターンの組み合わせを1つひとつバラバラに実行するのも芸がありません。繰り返し処理で一気に実行してみたいと思います。2つのリストから要素を組み合わせるには**itertools**ライブラリの **product()** が便利です。例を示します。

```
import itertools
sex = ['女性', '男性']
age = ['１０代','２０代', '３０代', '４０代', '５０代', '６０代', '７０代']

words_dic = {}
temp_lists = []
for v1, v2 in itertools.product(sex, age):
```

▼

08

アンケート分析

```
    words_dic[v1+'_'+v2] = 'text'
words_dic
```

```
{'女性_１０代': 'text',
 '女性_２０代': 'text',
 '女性_３０代': 'text',
 '女性_４０代': 'text',
 '女性_５０代': 'text',
 '女性_６０代': 'text',
 '女性_７０代': 'text',
 '男性_１０代': 'text',
 '男性_２０代': 'text',
 '男性_３０代': 'text',
 '男性_４０代': 'text',
 '男性_５０代': 'text',
 '男性_６０代': 'text',
 '男性_７０代': 'text'}
```

それぞれのリストから取り出した要素（文字列）を v1 と v2 という変数に代入していま
す。これを使って、女性と年代のペアをキーとする辞書を作成しました。説明を簡単する
ため、値の方はすべて 'text' で固定しました。itertools.product() を利用
し、属性の組み合わせごとに自由記述文を形態素に分割し、半角スペースでつないだ
文字列を辞書の値として代入します。

では、属性の組み合わせによってデータフレームからサブセットを抽出し、形態素にか
けます。なお、pandasの query() の引数内で変数を指定するには、先頭に @ を置き
ます。これにより性別と年代の組み合わせごとにレコードを抽出できるので、それぞれで
形態素解析を実行して単語リストを作成します。作成された単語リストは辞書として管理
します。

```
import my_mecab_stopwords as my_tokenizer
import itertools
sex = ['女性', '男性']
age = ['１０代','２０代','３０代','４０代','５０代','６０代','７０代']
## ストップワードをリストとして読み込むか、あるいは以下のリストを使う
## stopwords = [ 'ある', 'いる', 'する', 'の', 'なる', 'は', 'こと', '思う',
'よう', 'よい', 'られる', '沖縄', '観光']
words_dic = {}
temp_lists = []
for v1, v2 in itertools.product(sex, age):
    print(v1, v2)
    ## 属性の組み合わせでデータフレームから抽出
```

```
sub_data = df.query('Sex == @v1 & Age == @v2')
print(sub_data.shape)
temp = []
temp_lists = []
for txts in sub_data['Opinion']:
    ## あるレコード(回答者)の記述分を形態素解析
    temp  = my_tokenizer.tokens(txts, stopwords_list=stopwords)
    ## その属性の形態素リストに追加
    temp_lists.extend(temp)
    ## stopwords を削除
## 属性ごとの形態素リストを辞書に登録
words_dic[v1+'_'+v2] = temp_lists
```

08
アンケート分析

```
女性 １０代
(4, 4)
女性 ２０代
(37, 4)
女性 ３０代
(35, 4)
女性 ４０代
(15, 4)
女性 ５０代
(42, 4)
女性 ６０代
(36, 4)
女性 ７０代
(7, 4)
男性 １０代
(0, 4)
男性 ２０代
(9, 4)
男性 ３０代
(21, 4)
男性 ４０代
(27, 4)
男性 ５０代
(25, 4)
男性 ６０代
(33, 4)
男性 ７０代
(14, 4)
```

途中経過を確認するため、**print()** を挿入しました。男性10代は回答がありません。女性10代の回答から抽出した形態素を確認してみましょう。

```
words_dic['女性_１０代']
```

```
['道路',
 '車',
 '多い',
 '排気',
 'ガス',
 '臭い',
 'ひめる',
 'ゆり',
 '塔',
 '糸数',
 '壕',
 '中心',
 'まわる',
 '丁寧',
 '説明',
 'くだ',
 'さる',
 '大変',
 '助かる',
 'ショッピング',
 'モノレール',
 '利用',
 '旅',
 'レンタカー',
 '使う',
 '北の方',
 '海',
 'みる',
 'レンタカー',
 '使う',
 'わかる',
 'やすい',
 'バス',
 '使い方',
 '掲示板',
 'ステキ',
 '来る']
```

さて、先ほど説明したように、10代と20代それぞれの形態素リスト、また70代と60代の形態素リストを統合します。

```
words_dic['女性_２０代'].extend(words_dic['女性_１０代'])
words_dic['女性_６０代'].extend(words_dic['女性_７０代'])
## 実際には男性_１０代に回答者はいない
words_dic['男性_２０代'].extend(words_dic['男性_１０代'])
words_dic['男性_６０代'].extend(words_dic['男性_７０代'])
```

これにより統合ができましたので、女性と男性のそれぞれ10代と70代のデータを削除します。

```
words_dic.pop('女性_７０代')
words_dic.pop('女性_１０代')
words_dic.pop('男性_７０代')
words_dic.pop('男性_１０代')
```

削除されているか確認します。キーを指定してエラーになれば、削除されているということです。

```
words_dic['男性_１０代']
```

要素がゼロになっているキーがないかを確かめます。次のループを実行して、属性の組み合わせごとの形態素数を確認します。

```
for i, j in words_dic.items():
    print(f'属性{i}，形態素の延べ数={len(j)}')
```

```
属性女性_２０代，形態素の延べ数=517
属性女性_３０代，形態素の延べ数=548
属性女性_４０代，形態素の延べ数=307
属性女性_５０代，形態素の延べ数=626
属性女性_６０代，形態素の延べ数=618
属性男性_２０代，形態素の延べ数=98
属性男性_３０代，形態素の延べ数=222
属性男性_４０代，形態素の延べ数=349
属性男性_５０代，形態素の延べ数=326
属性男性_６０代，形態素の延べ数=572
```

属性の組み合わせを「文書」とみなし、それぞれの自由記述文から文書単語行列を生成する準備を行います。まず、辞書から要素(形態素のリスト)を取り出し、形態素ごとに半角スペースで挟まれた1つの文字列に変換します。

```
corpus = list(words_dic.values())
x = map(lambda x : ' '.join(x), corpus)
print(x)
```

```
<map object at 0x7f447beeeee0>
```

後で触れますが、ここで x はmapオブジェクトであり、中身を確認するにはリストに変換する必要があります。

次に、scikit-learnライブラリの **CountVectorizer()** を使って、ここまでの処理で得られた x から文書単語行列を作成します。

ところで、この段階で x はすでに形態素解析が適用された状態にあり、形態素と形態素が半角スペースで区切られています。その意味では欧米語のテキストです。

一方、**CountVectorizer()** はもともとは英語圏のテキストを想定して開発されています。そのため、標準では1文字の単語('I'や'a'など)を削除する仕様になっています。また、大文字を小文字に変える処理を行おうとします。これらの処置は、形態素解析済みの日本語リストでは必要ありません。そこで前者への対応として **token_pattern** 引数に **token_pattern='(?u)\\\\b\\\\w+\\\\b'** を与えています。後者については **lowercase** 引数を調整します。

文書単語行列では、出現回数が特定の文書に限られている単語や、逆にすべての文書で頻繁に出現する単語を削除することがあります。 **min_df** は文書全体の何割に出現しているかを制御します。ここでは、属性(年代と性別の組み合わせ)が10種類あり、そのどれか1つに出現していれば良しとするため、**1/10** を指定しています。 **max_df** は逆に、属性全体の何割かで共通して出現している単語を省く指定です。デフォルトでは1.0になっています。つまり、すべての文書に出現していても削除はしません。最後に、一般に文書行列は数千あるいは数万の形態素で構成されることになります。属性と形態素の関係をグラフィカルに確認することを目的とすることから、目視で確認できる程度の形態素数に絞り込みたいと考えます。そこで最大単語数を **max_features** で指定します。

実は、**CountVectorizer()** そのものは、文書単語行列の作成に利用するオブジェクトを生成する関数(少し特殊な用語ですがコンストラクタともいいます)であり、実際にテキストデータに適用するには **fit_transform()** か、あるいは **fit()** と **transform()** に分けて実行します。 **fit()** と **transform()** が別々に用意されているのは、一般にデータサイエンス分野では、あるデータ集合に適用して学習された結果を使って、別のデータ集合に適用するという作業を行うからです。

　fit() で今回のデータに基づくモデルを作成し、新しいデータは transform() を使ってこのモデルに適用するのです。ここでは、今回の分析結果を、改めて別のデータ集合に適用することはないので、手順を分けず fit_transform() で一気に実行してしまいます。

　先ほどのmapオブジェクト x をリストに変換して fit_transform() を適用します。

```
from sklearn.feature_extraction.text import CountVectorizer
vectorizer = CountVectorizer(token_pattern='(?u)\\b\\w+\\b', lowercase=False,
min_df=1/10, max_features=50)
okinawa_dtm = vectorizer.fit_transform(list(x))
print(okinawa_dtm)
```

　実行結果を okinawa_dtm という名前で保存しましたが、出力を確認しようとしたところ、'sparse matrix of type' と表示されました。

　実は、scikit-learnの CountVector() を使って文書単語行列を作成すると、標準では疎行列として効率化したフォーマットが作成されます。この例では、行列は10行（性別と年齢の属性組み合わせが10パターン）、列数（形態素数）が162の行列が作成されますが、その要素（つまり、ある属性で特定の形態素が出現した回数）は多くの場合、0となります。

　文書単語行列でその要素のほとんどで頻度が0であれば、頻度が1以上になる位置（行番号と列番号、その頻度）だけ記録しておけば済みます。

　一般に文章単語行列では、行数（テキスト数）も列数（形態素数）も膨大になります。そのため、ほとんどの要素が0であると予想つくのであれば、効率的な形式で保存した方が、コンピュータの負荷を避けられます（もっとも、ここでの例のように10行162列程度であればメモリの使用量を気にする必要はないでしょうが）。ちなみに、疎行列特有のフォーマットを通常の行列に変換するには toarry() を使います。

```
# okinawa_dtm.toarray()
```

　抽出された形態素の一覧を確認するには get_feature_names() を使います。
　ただし、このとき、オブジェクト okinawa_dtm ではなく、その前に生成した Count Vector() のオブジェクトを使うことに注意してください。
　下記では、すべての形態素の表示することを避け、単に総数だけを出力しています。

```
print(f'抽出された形態素数 :{len(vectorizer.get_feature_names())}')
```

50

コレスポンデンス分析

　ここでは属性と自由記述文（に出現した形態素セット）の関連性を調べるため、コレスポンデンス分析を実行してみます。**コレスポンデンス分析**（**対応分析**ともいいます）は、アンケート調査などで、被験者の回答と属性（年齢など）との相関を調べる手法として広く使われています。たとえば、髪の色と瞳の色の対応を（海外で）調べたデータがあるとします。髪についてはブロンドから黒まで5段階（fair、red、medium、dark、black）が、また瞳については青から黒までの4段階（blue、light、medium、dark）の色合いが調べられています。

髪＼瞳	fair	red	medium	dark	black
blue	326	38	241	110	3
light	688	116	584	188	4
medium	343	84	909	412	26
dark	98	48	403	681	85

　これは「瞳の色」という項目と、「髪の色」という項目をクロスさせた表になっています。2つの項目の相関については、先に紹介したカイ自乗分析でも判断をすることができます。しかし、それぞれの項目の水準（色の種類）が増えると、どの水準がどの水準と相関しているのかが、わかりにくくなります。コレスポンデンスではバイプロットというグラフを使って視覚的に確認できるのがメリットです。実際に分析をしてみましょう。ここではコレスポンデンス分析にprinceライブラリを利用します。ライブラリのGitHubレポジトリで紹介されている実行例を、ここで再現してみます。

```
import pandas as pd
X = pd.DataFrame(
    data=[
        [326, 38, 241, 110, 3],
        [688, 116, 584, 188, 4],
        [343, 84, 909, 412, 26],
        [98, 48, 403, 681, 85]],
    columns=pd.Series(['Fair', 'Red', 'Medium', 'Dark', 'Black']),
    index=pd.Series(['Blue', 'Light', 'Medium', 'Dark'])
    )
X
```

アンケート分析

	Fair	Red	Medium	Dark	Black
Blue	326	38	241	110	3
Light	688	116	584	188	4
Medium	343	84	909	412	26
Dark	98	48	403	681	85

　princeライブラリの **CA()** メソッドでコレスポンデンス分析を実行します。手順としては **CA()** でオブジェクトを生成し、そのメソッド **fit()** にデータ(**X**)を与えます。

```
import prince
ca = prince.CA(
    n_components=4,
    n_iter=3,
    copy=True,
    check_input=True,
    engine='auto',
    random_state=42
)
X.columns.rename('Hair color', inplace=True)
X.index.rename('Eye color', inplace=True)
ca = ca.fit(X)
```

　コレスポンデンス分析の考え方は、分割表で行と列それぞれの水準の関係の強さを、頻度とは別の指標で表現することです。もとの頻度表から、行側の項目の水準に対応するスコアと、列側の水準に対応するスコアの、2つの新しい行列を生成します。この2つのスコアを、1つのプロットに重ねることで、もとの頻度表の行と列それぞれの水準の近さが視覚的に確認できるというメリットがあります。

　この行と列それぞれのスコアは、固有値分解という行列計算で求められます。固有値計算は、主成分分析という手法でも用いられている計算方法です。固有値計算では、もとの行列の分散共分散行列を情報と見なします。この情報は、「軸」と呼ばれる階層に分解されますが、固有値分解の特性として、最初に求められる軸にもとの分散共分散行列の情報量の最大の割合が再現されていると考えます。2つ目の軸には、残りの情報量から最大の割合が割り当てられ、3つ目の軸で残りの情報量から最大の割合が割り振られ、と以下同様に共分散行列の行数（列数）と同じ数だけ軸が求められます。なお、Pythonのprinceライブラリで、軸は行数と列数のうち、小さい方と同じ数だけ求められます。このデータの場合、4ということになります。これは **n_components=4** 引数に指定することもできますが、通常、利用する軸は2つだけなので、デフォルトでは2軸まで求められます。

　もし最初の2つの軸まで使うことで、もとの情報量のうちの多くを再現できているのであれば、この2の軸で散布図を描くことで、もとデータの行と列それぞれの水準の関係を視覚的に確認できることになります。この散布図を**バイプロット**と呼びます。軸の表す情報量の割合は、固有値という数値に対応しています。コレスポンデンス分析では、固有値の合計を**イナーシャ**と呼ぶことがあります。そこでコレスポンデンス分析では、第1軸と第2軸の固有値の合計がイナーシャの何割を占めているのかを必ず確認します。

```
print('固有値の確認')
print(ca.eigenvalues_)
print('固有値の合計(イナーシャ)')
print(ca.total_inertia_)
print('それぞれの軸の割合')
print(ca.explained_inertia_)
```

```
固有値の確認
[0.19924475202819086, 0.030086774100411807, 0.0008594813580620103,
2.008905878148878e-33]
固有値の合計(イナーシャ)
0.23019100748666482
それぞれの軸の割合
[0.8655627090025804, 0.13070351630549581, 0.0037337746919231885,
8.727125790373266e-33]
```

　出力からは、最初の軸で情報の約87%が、また2つ目の軸で約13%が抽出されています。つまり、2つの軸でもとデータの情報をほぼ再現しているといえます。
　バイプロットを描きます。情報量の最大割合を占める2つの軸で、もとデータの行項目のスコアと、列項目のスコアを同時にプロットしています。

```
import matplotlib.pyplot as plt
plt.style.use('ggplot')
%matplotlib inline
## 日本語フォントの準備
from matplotlib import rcParams
rcParams['font.family'] = 'sans-serif'
rcParams['font.sans-serif'] = ['Yu Gothic', 'Meirio', 'Hiragino Maru Gothic
Pro', 'Takao', 'IPAexGothic', 'IPAPGothic', 'VL PGothic', 'Noto Sans CJK
JP']

ax = ca.plot_coordinates(
    X=X,
    ax=None,
    figsize=(6, 6),
```

```
    x_component=0,
    y_component=1,
    show_row_labels=True,
    show_col_labels=True
)
```

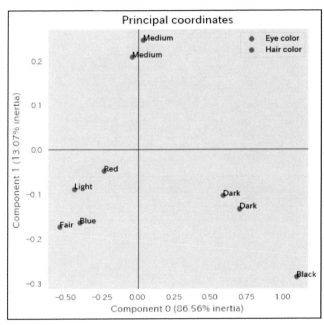

バイプロットから、行の項目である瞳と、列の項目である髪で、それぞれの水準に明らかな対応があることが確認できます。

この例では、髪の色と瞳の色という2つの項目（の水準）の相関を調べましたが、項目が3以上あることも考えられます。たとえば、発売を予定している新商品についてアンケート調査をしたとします。質問項目として、(1)デザインは「良いか」「悪いか」、(2)値段は「高い」か「安い」か、(3)サイズは「大きい」か「小さい」があるとします。この場合、項目は3つになります。また、被験者についても、その属性を「社会人」か「学生」かとして尋ねていれば、これは第4の項目となります。この第4の項目である被験者の属性と、他の3つの回答項目の相関を調べたいことがあります。この場合は、多重コレスポンデンス分析を適用することになります。多重コレスポンデンスを使うと、自由記述文を含むアンケート回答を、被験者の属性と関連付けて考察することが可能になります。

自由回答文から10個の形態素を抽出し、それぞれの被験者の回答で、これらの10個の形態素の有無を調べた結果を頻度表にまとめたとすれば、これは10個の項目（と被験者の属性）を対象とした多重コレスポンデンスということになります。

少し簡単な例で考えてみましょう。ある電機メーカーが新たに開発した食洗機を、何人かの消費者に試用してもらい、最後のアンケートをとったとします。アンケートでは、被験者の属性として「既婚者」か「独身者」、またこの製品に対する判断として「買う」か「買わない」か選択してもらうとします。さらに、製品についての感想を簡潔に記してもらいます。この自由記述文から、商品の有利な点や不利な点が明らかになるかもしれません。アンケートで「買う」と答えた被験者の自由記述文に「機能」や「便利」などの単語が頻出しているようであれば、機能的には問題ないと考えることもできます。他方で、「機能」に関する評価は独身者の回答に偏っており、既婚者の場合には買う買わないに関係なく「高い」や「割高」、「狭い」、「スペース」などの語が多く現われていたとすれば、高機能ではあっても、その価格やサイズに問題があると受け止められていると想像できます。この場合、メーカーとしては新製品の機能を多少犠牲にしてでもサイズや価格を抑えるか、あるいは高機能を前面に出すことで、ターゲットを絞った宣伝が可能になります。

試しに分析してみましょう。ここでは次のような架空のデータを使って、5つの形態素を項目とする文書単語行列を、購入者属性を関連付けてみます。

	高機能	スペース	場所	便利	割高
既婚(買う)	4	2	2	3	1
既婚(買わない)	2	8	9	3	7
独身(買う)	6	1	2	6	2
独身(買わない)	2	4	4	3	2

この文書単語行列では「文書」に相当するのは属性で、たとえば「既婚(買う)」は、回答者が既婚者で買うと回答したことを表します。この属性の回答者の自由記述文では「高機能」という形態素が全部で4回出現していることになります。ここでは、行項目の水準(属性)が4種類あり、列項目の水準(形態素)は5つあります。つまり4行5列の文書単語行列ということになります。まず、データフレーム形式のデータを用意しましょう。ここでは辞書を使って作成します。

```
cross = pd.DataFrame({'高機能':[4,2,6,2],
                      'スペース':[2,8,1,4],
                      '場所':[2,9,2,4],
                      '便利':[3,3,6,3],
                      '割高':[1,7,2,2]},
                      index = ['既婚(買う)', '既婚(買わない)', '独身(買う)',
'独身(買わない)'])
cross
```

	高機能	スペース	場所	便利	割高
既婚(買う)	4	2	2	3	1
既婚(買わない)	2	8	9	3	7
独身(買う)	6	1	2	6	2
独身(買わない)	2	4	4	3	2

多重コレスポンデンス分析はprinceライブラリの **MCA()** を利用します。

ただし、**MCA()** では、1行が1被験者の回答となったデータフレームを指定するようになっています。ここで用意した分割表をそのまま与えることはできません。ここでは5つの形態素を、ある項目の選択肢（水準）と見なし、先に利用した **CA()** を使ってバイプロットを作成してみます。

```
%matplotlib inline
import matplotlib.pyplot as plt
from matplotlib import rcParams
## 日本語フォントの設定
rcParams['font.family'] = 'sans-serif'
rcParams['font.sans-serif'] = ['Yu Gothic', 'Meirio', 'Hiragino Maru Gothic
Pro', 'Takao', 'IPAexGothic', 'IPAPGothic', 'VL PGothic', 'Noto Sans CJK JP']
plt.style.use('ggplot')
```

```
import prince
ca = prince.CA(
    n_components=4,
    n_iter=3,
    copy=True,
    check_input=True,
    engine='auto',
    random_state=42
)
ca = ca.fit(cross)
```

第1軸と第2軸でもとデータの情報量（固有値）がどれだけ再現されているかを確認します。

```
print('固有値')
print(ca.eigenvalues_)
print('イナーシャでの割合')
print(ca.explained_inertia_)
```

固有値
[0.20804616069545903, 0.010044373002609661, 0.003628448012262664,
5.391962450498005e-34]
イナーシャでの割合
[0.9383326546541011, 0.04530226922894821, 0.016365076116952034,
2.4318903185034632e-33]

1軸でほとんどの情報が説明されているようです。バイプロットを描きます。

```
ax = ca.plot_coordinates(
    X=cross,
    ax=None,
    figsize=(6, 6),
    x_component=0,
    y_component=1,
    show_row_labels=True,
    show_col_labels=True
)
```

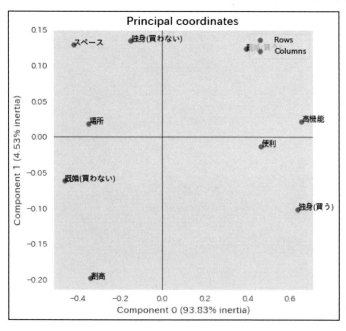

バイプロットでは左側に「買わない」、右側に「買う」がプロットされています。また既婚者は「割高」であることが「買わない」要因の1つであることがうかがえます。独身者の場合、スペースの問題が大きいようです。逆に「買う」と答えた被験者では、独身あるいは既婚を問わず、性能の便利さが要因のように見えます。このように、コレスポンデンス分析によって、回答者の属性と、回答自由記述文との関連性を、プロットで確認できるようになります。

前置きが長くなりましたが、それでは、沖縄観光自由記述文の回答傾向に、年齢あるいは性別による差があるかを確認してみましょう。まず、年齢性別のペアごとに形態素の出現数を調べた頻度表を作成しましょう。

```python
df2 = pd.DataFrame(okinawa_dtm.toarray(),
                   columns=vectorizer.get_feature_names(),
                   index=list(words_dic.keys()))
df2
```

	いい	いく	きれい	さ	ない	ほしい	やすい	よい	わかる	タクシー	...	考える	自然	良い	行う	行く	見る	親切	車	運転	道路
女性_２０代	7	6	0	2	3	7	6	5	5	9	...	1	3	2	1	8	1	2	4	7	2
女性_３０代	8	1	8	5	5	8	3	3	2	4	...	1	3	5	2	14	1	3	3	3	4
女性_４０代	2	0	1	1	3	5	1	2	1	1	...	1	2	0	2	4	2	0	1	3	1
女性_５０代	4	1	1	3	2	11	4	3	2	0	...	0	5	9	0	9	2	5	6	1	3
女性_６０代	1	1	2	4	8	6	2	3	4	2	...	3	8	9	1	6	4	2	1	4	3
男性_２０代	0	0	0	3	0	3	2	0	1	0	...	0	1	2	0	0	0	0	2	3	1
男性_３０代	3	0	0	3	1	1	4	2	0	2	...	2	2	2	1	2	1	0	1	0	1
男性_４０代	0	2	3	5	1	3	0	1	1	1	...	4	7	6	2	4	0	1	0	1	2
男性_５０代	1	1	0	5	4	4	5	2	2	1	...	1	6	3	2	2	1	2	1	2	7
男性_６０代	2	2	1	6	3	3	1	4	3	1	...	3	6	10	2	6	2	5	1	0	2

10 rows × 50 columns

たとえば、「ホテル」という単語が、属性ごとに何回出現しているかを確認してみましょう。

```python
df2['ホテル']
```

```
女性_２０代      2
女性_３０代      7
女性_４０代      3
女性_５０代      6
女性_６０代     12
男性_２０代      1
男性_３０代      0
男性_４０代      0
男性_５０代      4
男性_６０代      2
Name: ホテル, dtype: int64
```

ちなみに、属性ごとに出現している形態素の数についても、調べてみましょう。

```
df2.sum(axis=1)
```

```
女性_２０代    158
女性_３０代    171
女性_４０代     75
女性_５０代    158
女性_６０代    162
男性_２０代     35
男性_３０代     63
男性_４０代     88
男性_５０代    114
男性_６０代    154
dtype: int64
```

属性と形態素を対応させた頻度表を作成しましたので、通常のコレスポンデンス分析を適用します。princeライブラリの **CA()** を使います。

```
import prince
ca = prince.CA(
    n_components=2,
    benzecri=False,
    n_iter=10,
    copy=True,
    check_input=True,
    engine='auto',
    random_state=42
)
okinawa_ca = ca.fit(df2)
```

2つの軸でどれだけもとデータを説明できているかを確認します。

```
print(okinawa_ca.eigenvalues_)
print(okinawa_ca.explained_inertia_)
```

```
[0.1014345324742537, 0.08277375932162898]
[0.20495844537112462, 0.16725251858769935]
```

2つあわせても40%に満たないので、もとの情報をすべて再現していると言い難いですが、そもそもコレスポンデンス分析の対象としたのも、もとの文書単語行列の一部でした。ここでは、特徴的な言葉と属性の関係が確認できることを期待して、バイプロットを作成してみます。

```python
import matplotlib.pyplot as plt
plt.style.use('ggplot')
from matplotlib import rcParams
rcParams['font.family'] = 'sans-serif'
plt.rcParams['font.size'] = 16
rcParams['font.sans-serif'] = ['Yu Gothic', 'Meirio', 'Hiragino Maru Gothic
Pro', 'Takao', 'IPAexGothic', 'IPAPGothic', 'VL PGothic', 'Noto Sans CJK JP']
ax = okinawa_ca.plot_coordinates(
    X=df2,
    ax=None,
    figsize=(14, 14),
    x_component=0,
    y_component=1,
    show_row_labels=True,
    show_col_labels=True
)
```

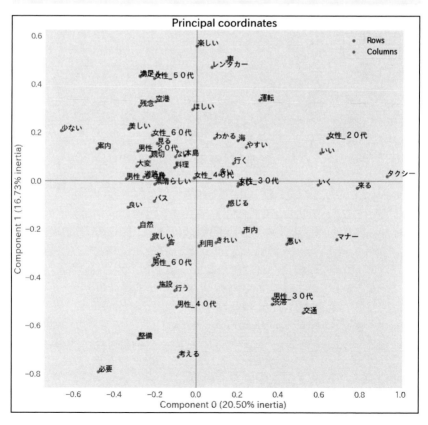

```python
from matplotlib.markers import MarkerStyle
from matplotlib.collections import PathCollection
plt.rcParams['font.size'] = 18
fig, ax2 = plt.subplots(figsize=(14, 14))

okinawa_ca.plot_coordinates(
    X=df2,
    ax=ax2,
    x_component=0,
    y_component=1,
    show_row_labels=True,
    show_col_labels=True
)
markerlist = ['o', 'v', 'S', 'H']
for item, marker in zip(ax2.collections, markerlist):
    if type(item) == PathCollection:
        new_marker = MarkerStyle(marker)
        item.set_paths((new_marker.get_path(),))
        item.set_sizes([10])

ax2.legend()
```

08
アンケート分析

　バイプロットでは、20代と30代の回答が右に、40代以上の回答が左に、ほぼ分かれて分布しているのがわかります。また、上下でみると、女性の回答がほとんど上側に位置しているようです。

　バイプロットでは原点には共通の特徴が集中し、原点から離れた位置に特徴的な要素が分布します。これを見ると、女性の50代と60代の近くには「バス」や「ホテル」という形態素が位置しています。これは、年配の女性はツアーで観光に訪れるため、バスやホテルについて感想が多くなる傾向にあると解釈できそうです。また、右の女性20代の近くには「タクシー」や「離島」という形態素があります。これは、個人や小グループで離島観光に訪れるため、タクシーが移動手段となることが反映されていると考えられそうです。男性の回答は年代を問わず原点付近に位置していますが、ここには「道路」や「渋滞」などの形態素があり、さらに左下の男性60代の回答には「整備」という形態素も確認できます。沖縄には電車がないため、移動の手段がバスやレンタカーとなることから、公道の使いやすさについての意見があるのかもしれません。

CHAPTER 09

テキストの分類

　本章ではテキストの分類について、いくつかの手法を紹介します。

テキストの分類について

　多数のテキストがあったとします。これらを、何かの基準によって分類整理したいとします。たとえば、ジャンルごとにグループ分けすることを想定してみてください。こうしたグループをクラスターともいいます。また、グループ分けすることをクラスタリングといいます。グループ分けする基準はジャンルに限らないでしょう。テキストが本であれば100ページ未満の本、100ページ以上200ページ未満の本、200ページを超える本といったように、ページ数で分類するというのも立派なクラスタリングです。いわば短編、中編、長編に分けたといえるでしょう。ただし、書籍は1ページに収録されている文字数が異なっているため、単純にページ数で分類するわけにはいかないでしょうが。

　あるいは、テキストを書いた人（作家）によって分けるのもクラスタリングに該当します。これはテキスト（文章）に作者名が書いてあれば、いとも簡単に終えることのできる作業です。しかし、何かの理由でテキストから作家名が消えていたら、どうやって分類すればいいでしょうか？　第2章では、森鴎外と夏目漱石それぞれ4篇のテキストをクラスタリングする方法を紹介しました。そこでは、主成分分析という方法を使っていました。

　書き手をクラスタリングする事例では文字と読点のペアをデータとしました。つまり機能語だけを検討しました。これは、内容語（名詞や動詞、形容詞）を使ってしまうと、書き手の癖ではなく、内容の類似度でテキストを分けてしまうからです。逆にいえば、テキストを内容でクラスタリングしたい場合は、内容語をデータとすれば良いことになります。

　本章では、主に内容語をデータとしてテキストを分類する方法を紹介します。テキストを内容語で分類するということは、ジャンルで分類しているとも考えられます。ただし、我々がジャンルと考えているものは、実はかなり曖昧です。昔の恋愛小説だと、ヒロインが憧れる相手が野球部の主将だとかいう陳腐な設定があったりするようですが、この小説のジャンルは恋愛でしょうか？　スポーツでしょうか？

　一方、コンピューターには小説の中身を人間のように理解する能力はありません。そのため、コンピュータでテキストの内容を分類させた結果が、我々の直感に合わないこともあります。また、分類するための方法を変えると、分類結果が大きく変わることもあります。コンピューターによるテキスト分類は、あくまでも特定のアルゴリズム（手順）によって機械的に導き出されたものであることは理解しておく必要があります。それでも、大量のテキスト集合を対象に分類する場合、コンピュータ処理は避けられません。

内容による分類

　この章では、多数のテキスト（文書集合）を対象に、内容（テーマ）によって分類する方法について学びます。取り上げる手法は、クラスター分析とトピックモデルです。取り上げるデータは日本の歴代総理大臣の所信表明演説です。演説は首相官邸サイト[1]からもダウンロードできますが、GitHubにリポジトリ化されているユーザーがいますので、それを利用させてもらいます。

　GitHubのリポジトリからダウンロードするには次のように操作します。

❶「https://github.com/yuukimiyo/GeneralPolicySpeechOfPrimeMinisterOf Japan」にアクセスします。

❷ 右端にある「Code」ボタンをクリックし、表示されるドロップダウンメニューから「Download Zip」を選択します。

❸ ダウンロードしたZipファイルを解凍（展開）し、「longfilename」フォルダにある「utf8」フォルダを適当なフォルダに移します。

　ここではカレントフォルダに utf8 というフォルダがあり、ここにすべての所信表明演説ファイルがあるとして、分析を進めていきます。まず、次のようにしてファイル名の一覧を取得しておきます。 os.listdir() は指定されたフォルダにあるファイルの一覧を取得する命令です。ここでは、そのファイル名それぞれの頭に 'utf8/' を追記しています。

　このレポジトリには2021年4月現在、82個のファイルがあります。

```
import os
files = ['utf8/' + path for path in os.listdir('utf8')]
print(len(files))
print(files[:3])
```

```
82
['utf8/19641121_47_sato-eisaku_general-policy-speech.txt',
 'utf8/20131015_185_abe-shinzo_general-policy-speech.txt',
 'utf8/19570227_26_kishi-nobusuke_general-policy-speech.txt']
```

　ファイル名が長いので、グラフなどで表示するには不便です。そこで、国会の会期番号と首相名だけにまとめた文字列のリストを用意しておきましょう。これには正規表現が便利です。reライブラリを使って、国会の会期番号、そして首相の名前だけを切り出しましょう。

　ファイル名の先頭の8桁の数値が日付で、アンダーバーに続く2桁の数値が国会の会期番号にあたります。これにアンダーバーの後、首相の名前がアルファベットで続きます。この規則を正規表現で表します。

```
'utf8/\d{8}_(\d{1,3}_[a-z]{1,}-[a-z]{1,})_general-policy-speech.txt'
```

先頭のフォルダ名 utf-8 とスラッシュに続く8桁の数値とアンダーバーを削除し、さらに末尾のアンダーバーに続く general-policy-speech.txt を切り捨てます。その途中にある文字列だけを取り出したいわけです。このためには、正規表現のグループ化という機能を使うことができます。

```
import re
pattern = 'utf8/\d{8}_(\d{1,3}_[a-z]{1,}-[a-z]{1,})_general-policy-speech.txt'
results = [re.match(pattern, file_name) for file_name in files]
prime_names = [ res.group(1) for res in results]
print(prime_names[:3])
```

```
['47_sato-eisaku', '185_abe-shinzo', '26_kishi-nobusuke']
```

これまでにも何度か利用したストップワードを用意しておきます。

```
# import urllib.request
# url = 'http://svn.sourceforge.jp/svnroot/slothlib/CSharp/Version1/
SlothLib/NLP/Filter/StopWord/word/Japanese.txt'
# urllib.request.urlretrieve(url, 'stopwords.txt')
stopwords = []
with open('stopwords.txt', 'r', encoding='utf-8') as f:
    stopwords = [w.strip() for w in f]
## ストップワードをさらに追加
stopwords.extend(['あの', 'この', 'ある', 'する', 'いる', 'できる', 'なる',
'れる', 'の', 'は'])
## セットに変更(形態素が重複して登録されているのを避けるため)
stopwords = set(stopwords)
print(f'ストップワードの総数 = {len(stopwords)}')
```

```
ストップワードの総数 = 321
```

クラスター分析

　最初に、データ集合（ここでは所信表明演説）をグループ分けする古典的な手法を紹介しましょう。クラスター分析といわれる手法で、下記に示すような**デンドログラム**を使って解釈されることで知られています。

　ここではクラスター分析またデンドログラムがどのようなものであるかを知ってもらうため、データとしてテキストではなく、アヤメ（菖蒲）の3品種150個体それぞれについて4種類の計測を行ったデータを使ってみます。つまり4つの計測値と、品種名の5列からなる150行のデータです。

　クラスター分析を行う**SciPy**ライブラリの `linkage()` で距離の測り方と結合の仕方を指定します。ここでは距離としてユークリッド法を、また結合方法として最もよく使われているWard法を指定しましたが、うまく分類できていないようです。

```
%matplotlib inline
import seaborn as sns
import matplotlib.pyplot as plt
plt.style.use('ggplot')
from scipy.cluster.hierarchy import linkage, dendrogram
iris = sns.load_dataset('iris')
result = linkage(iris.iloc[:, :4],
                # metric='braycurtis',
                # metric='canberra',
                # metric='chebyshev',
                # metric='cityblock',
                # metric='correlation',
                # metric='cosine',
                metric='euclidean',
                # metric='hamming',
                # metric='jaccard',
                # method='single',
                # method='average',
                # method='complete',
                # method='weighted',
                method='ward')
fig = plt.figure(figsize=(8, 8))
ax = fig.add_subplot()
dendrogram(result, orientation='top', labels=list(iris.species), color_
threshold=0.01, ax=ax)
ax.tick_params(axis='x', which='major', labelsize=12)
ax.tick_params(axis='y', which='major', labelsize=8)
plt.grid()
```

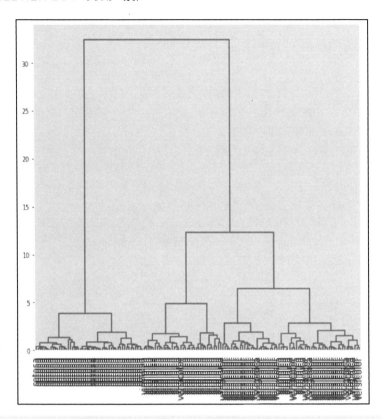

iris

	sepal_length	sepal_width	petal_length	petal_width	species
0	5.1	3.5	1.4	0.2	setosa
1	4.9	3.0	1.4	0.2	setosa
2	4.7	3.2	1.3	0.2	setosa
3	4.6	3.1	1.5	0.2	setosa
4	5.0	3.6	1.4	0.2	setosa
...	...	...	...	...	...
145	6.7	3.0	5.2	2.3	virginica
146	6.3	2.5	5.0	1.9	virginica
147	6.5	3.0	5.2	2.0	virginica
148	6.2	3.4	5.4	2.3	virginica
149	5.9	3.0	5.1	1.8	virginica

150 rows × 5 columns

09
テキストの分類

　このデータのうち、4つの計測値変数のみを利用して、階層的クラスター分析で個々のアヤメの類似度を調べ、この結果から、近い個体同士をあみだくじのような縦線で結合させたプロットを描いています。これをデンドログラムといいます。

　プロットの下にある縦書きの文字は各個体の品種名です。確認しにくいのですが、左に並んでいるのはsetosa種で、同一品種の個体同士が上の延びる青い縦棒で結合されているのがわかります。4つの計測値がよく似ているペアが選ばれ、上に進むと、そのペアに似ている個体ないしペアが結合されています。

　横軸の中央付近に固まっているのは Virginica 種ですが、2つのVersicolor種が混ざっており、グループ化（クラスター化）に完全には成功していないのが見て取れます。同様に、右端はVersicolor種が固まっていますが、一部、Virginica種が混ざっているの確認できます。つまり、Virginica種とVersicolor種は完全にはクラスター化されていません。irisデータの場合、ここで紹介する方法では最適な分類を行うのは難しいのですが、一般論としていえば、クラスター化のアルゴリズム（方法）を変更することで、分類結果を改善することは可能です。

09

テキストの分類

階層的クラスター分析

　データをグループに分ける技法はさまざまですが、前節で紹介したのは**階層的クラスター分析**です。先の図にあるように、デンドログラムでは、下に並んだ個体をあみだくじのようにつなげて、クラスターを形成していきます。これが階層的ということです。凝集型（agglomerative）ともいわれます。クラスター分析では、大きく2つの処理が行われています。まず、個体間、あるいはクラスター間（あるいは個体とクラスター間）の距離を測ります。距離を測るといっても、さまざまな方法があります。よく知られているのがユークリッド距離です。

　たとえばある点Aが座標軸の$x_1 = 2, y_1 = 2$にあり、もう1つの点Bが$x_2 = 6, y_2 = 5$にあったとします。

```python
import numpy as np
import matplotlib.pyplot as plt
from matplotlib.patches import Polygon
plt.style.use('ggplot')
pts = np.array([(2,2), (6,5), (6,2)])
p = Polygon(pts, closed=False, fc='lightblue', ec='darkred')
ax = plt.gca()
ax.add_patch(p)
ax.text(2,1.7, 'A')
ax.text(6,5, 'B')
ax.set_xlim(1,7)
ax.set_ylim(1,6)
```

```
(1.0, 6.0)
```

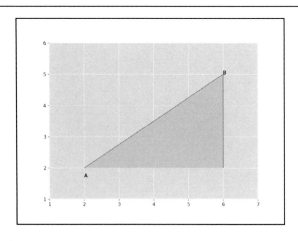

するとAとBのユークリッド距離は、ピタゴラスの定理により、次のように求められます。

$$d(A, B) = \sqrt{(x_0 - x_1)^2 + (x_1 - x_2)^2}$$

先に利用したSciPyライブラリの `linkage()` では、2つの個体間の距離の求め方として、ユークリッド距離の他、マンハッタン距離やミンコフスキー距離など、さまざまな計算方法を引数 `metric` で指定できます。

次に求められた距離に基づいて個体、あるいはクラスターを結合します。この結合の仕方には複数の方法があります。たとえばAというクラスターとBというクラスターがあったとします。この2つのクラスター間の距離は、AとBそれぞれの個体のペアを取り出して距離を測り、その最大値をクラスター間の距離とする方法や、最小値あるいは平均値を距離として使う方法などがあります。この方法は、`linkage()` の `method` 引数で指定します。

距離の測り方、また結合の方法、それぞれの組み合わせによって、クラスター化の結果はかなり異なってきます。また、絶対的に正しいという方法があるわけではなく、いろいろ試行錯誤をしてみる必要があります。すなわち、クラスター分析にもとづいて作成されるデンドログラムは、ケースバイケースでかなり印象が異なってきます。クラスター分析の結果（デンドログラム）を解釈する場合、まったく異なる結果が得られる可能性があることを常に念頭におくべきでしょう。

09

テキストの分類

219

非階層的クラスター分析

　階層的クラスター分析では、個体のペアの距離を計算することになります。そのため、個体数（データ数）が大きくなると、計算負荷が非常に大きくなります。そこで、すべてのペア間の距離を求める代わりに、あらかじめ中心点をいくつか決め、その点と個体との距離を求めることを繰り返す方法があります。代表的なアルゴリズムが**k-means法**です。k-means法では、最初にデータからランダムにk個の個体を選びます。これらを中心点として、他の個体との距離を求め、それぞれの中心点に近い個体でk個のクラスターを形成します。さらに、それぞれのクラスターごとに重心（平均値）を計算し直し、近い個体でクラスターを形成し直します。これを、新たに選ばれる重心がほとんど変わらなくなるまで繰り返します。

　アヤメデータを使って試してみましょう。scikit-learnパッケージを利用します。

```
%matplotlib inline
import seaborn as sns
import matplotlib.pyplot as plt
plt.style.use('ggplot')
from sklearn.cluster import KMeans
iris = sns.load_dataset('iris')
model = KMeans(n_clusters=3, random_state=0)
model.fit(iris.iloc[:,:4])
model.labels_
```

```
array([1, 1, 1, 1, 1, 1, 1, 1, 1, 1, 1, 1, 1, 1, 1, 1, 1, 1, 1, 1, 1, 1,
       1, 1, 1, 1, 1, 1, 1, 1, 1, 1, 1, 1, 1, 1, 1, 1, 1, 1, 1, 1, 1, 1,
       1, 1, 1, 1, 1, 1, 2, 2, 0, 2, 2, 2, 2, 2, 2, 2, 2, 2, 2, 2, 2, 2,
       2, 2, 2, 2, 2, 2, 2, 2, 2, 2, 2, 2, 2, 2, 0, 2, 2, 2, 2, 2, 2, 2,
       2, 2, 2, 2, 2, 2, 2, 2, 2, 2, 0, 2, 0, 0, 0, 0, 2, 0, 0, 0,
       0, 0, 0, 2, 2, 0, 0, 0, 0, 2, 0, 2, 0, 0, 2, 2, 0, 0, 0, 0,
       0, 2, 0, 0, 0, 0, 2, 0, 0, 0, 2, 0, 0, 0, 2, 0, 0, 2], dtype=int32)
```

　`model.labels_` にk-means法による分類結果が入っています。もとデータの最初の50個はsetosa種ですが、k-means法で、これらは1と分類されています。続く50個はversicolor種で2と分類されていますが、0という判別結果も混ざっており、誤って分類されていることになります。最後の50個はvirginicaで0と分類されるべきですが、2と誤って判定されている場合がかなりあります。4種類の測定値をそのまま利用して150個体のアヤメを完全に識別するのは、かなり難しいようです。

　KMeans() では、最初にオブジェクト（前ページの例では **model** ）を生成し、これに続けて **fit()** を適用しています。機械学習では既知のデータから推測した分類方法を、未知のデータに適用して分類することが重要な目的の1つです。そのため、scikit-learnでは、どの変数で何をどのように予測するか（ここではk-means）をモデルとして定義し（この例では **model** です）、これをデータに当てはめて（ **fit()** ）学習させ、この結果を使って未知のデータを予測する（ **predict()** ）するという手順が行われます。この例では未知のデータはありませんので、予測を行わず、学習に使われたデータのクラスター分類（ **model.labels_** ）を使っています。

　アヤメデータの場合、あらかじめ品種が3つあるとわかっているので、k=3と設定することができました。データに関する情報や予備知識があれば、kに適当な整数を選ぶこともできますが、一般には、適当なクラスター数が不明なデータが分析対象となることが多いです。そこでコンピューターにkを推定させることが行われます。よく知られた方法がエルボー法とシルエット法です。

▌▌▌エルボー法

　エルボー法は、クラスター内平方和（WCSS、Within-cluster sum of squares）を最小にするkを推定します。簡単にいえば、kの値を変えながら、クラスターごとに中心点と各要素の距離を求め、これを合計した値がWCSSになります。クラスターがk個あり、その中心点がcで、あるクラスターiに属する個体の集合をX_iとすると、下記で表されます。

$$WCSS = \sum_{i}^{k} \sum_{x \in X_i} (x - c_i)^2$$

　この値をもっとも小さくするkが、適切なクラスター数と判断されます。**KMeans()** では、実行結果の **inertia_** という属性がWCSSとなります。

　なお、下記では重心を選ぶ方法を指定する引数 **init** に **'k-means++'** を明示的に指定していますが、これがデフォルトです。この方法は、重心となるデータを選ぶ際、同時にk個の重心を選ぶのではなく、それぞれの重心間の距離ができるだけ遠くなるように、順番に重心を選択していく方法です。

```
wcss = []

for i in range(1, 10):
    k_means = KMeans(n_clusters = i, init = 'k-means++',
                     max_iter = 300, n_init = 30, random_state = 0)
    k_means.fit(iris.iloc[:, :4])
    wcss.append(k_means.inertia_)

plt.plot(range(1, 10), wcss)
plt.title('The elbow method')
```

221

```
plt.xlabel('Number of clusters')
plt.ylabel('WCSS')
plt.show()
```

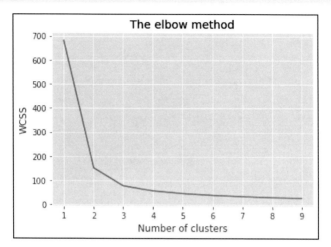

このグラフではクラスター数が3を超えるとWCSSの値に大きな変化がないことがわかります。つまり、クラスター数は3が適当と判断できます。ただし、上図のようにWCSSの減少速度が急に鈍化するようなkを見つけることができないこともあります。

||| シルエット・プロット

シルエット・プロットでは次のようなグラフを使って、設定したkの妥当性を判断します。

```
from sklearn.metrics import silhouette_samples, silhouette_score
print('全データのシルエットスコア平均値')
silhouette_avg = silhouette_score(iris.iloc[:, :4], model.labels_)
print(silhouette_avg)
print('-----')
print('最初の10個体のシルエットスコア')
sample_silhouette_values = silhouette_samples(iris.iloc[:, :4], model.
labels_)
print(sample_silhouette_values[:10])
print('-----')
print('0 と分類された最初の10個体のシルエットスコア')
print(sample_silhouette_values[model.labels_==0][:10])
```

全データのシルエットスコア平均値

0.5528190123564102

最初の10個体のシルエットスコア

[0.85295506 0.81549476 0.8293151 0.80501395 0.8493016 0.74828037
 0.82165093 0.85390505 0.75215011 0.825294   ]

-----

0 と分類された最初の10個体のシルエットスコア

[0.05340075 0.11798213 0.49927538 0.61193633 0.36075942 0.5577792
 0.54384277 0.55917348 0.44076207 0.56152256]

シルエットスコアを個体ごとにバーで表現したプロットを描きます。

```
## matplotlib のカラーテーマを指定
import matplotlib.cm as cm
import numpy as np
k = 3
## 個体ごとのバーを積み重ねて描く位置を指定
y_axis_lower, y_axis_upper = 0,0
y_ticks = []
## 個体のクラスター番号 [0,1,2]
labels = np.unique(model.labels_)


for i in range(k):
    ## クラスターごとに個体のシルエット値を抽出
    values = sample_silhouette_values [model.labels_==i]
    values.sort()
    ## クラスターを描くy 軸の範囲
    y_axis_upper += len(values)
    colr = cm.jet(float(i)/k)
    ## バープロットを描く
    plt.barh(range(y_axis_lower, y_axis_upper),
            values,
            height=1.0,
            color=colr)
    y_ticks.append((y_axis_lower+y_axis_upper)/2)
    ## 続くクラスターの y 軸
    y_axis_lower += len(values)
## シルエット係数の平均値を破線で描く
plt.axvline(silhouette_avg, color='red', linestyle='--')
## クラスター番号を描く
plt.yticks(y_ticks, labels)
plt.ylabel('Cluster')
plt.xlabel('silhouette coefficient')
```

```
Text(0.5, 0, 'silhouette coefficient')
```

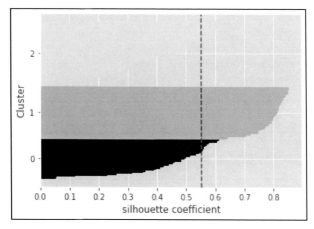

　グラフの横軸はシルエット係数で、これは各クラスター内で重心との近さを表す数値です。凝集性ともいいます。ナイフの先を横に寝かせたような塗りつぶしが3つありますが、これは各クラスターに対応しています。それぞれのクラスターの個体に対してシルエット係数が求められており、その値が水平方向に延びた直線で表されています。

　縦に延びた赤い破線は、シルエット係数全体の平均値です。シルエット係数は-1から1の値を取りますが、1に近いほど、凝集性が高いと解釈されます。

また、色分けされたナイフの先の位置や形状が同じであるのが望ましいと解釈されます。その意味では、上のシルエットプロットでは、kがあまり適切に設定されていないと解釈できます。詳細はscikit-learnのドキュメント[2]を参照してください。

▶irisデータ

　ちなみに、scikit-learnにもirisデータが付属していますが、seabornとは異なり、辞書の形式で保存されています。そのため処理手順が異なってきます。参考のため、scikit-learnのirisデータを使ってクラスター分析を実行してみましょう。

```
%matplotlib inline
import matplotlib.pyplot as plt
plt.style.use('ggplot')
from sklearn.datasets import load_iris
iris = load_iris()
iris.keys()
```

```
dict_keys(['data', 'target', 'frame', 'target_names', 'DESCR', 'feature_names',
'filename'])
```

[2]：https://scikit-learn.org/stable/auto_examples/cluster/plot_kmeans_silhouette_analysis.html#
example-cluster-plot-kmeans-silhouette-analysis-py%5D

辞書にはキーとして **data** や **target** などの要素があります。 **data** は花弁(Petal)と
萼(Sepal)それぞれの長さと幅を計測した値で、各列の変数名は **feature_names** で確
認できます。 **target** は各個体の品種です。品種は3つあり、**target_names** で確認で
きます。 **DESCR** はデータの説明になります。

```
from sklearn.cluster import KMeans
model = KMeans(n_clusters=3)
model.fit(iris.data)
# クラスタリング結果ラベルの取得
model.labels_
```

```
array([1, 1, 1, 1, 1, 1, 1, 1, 1, 1, 1, 1, 1, 1, 1, 1, 1, 1, 1, 1, 1, 1,
       1, 1, 1, 1, 1, 1, 1, 1, 1, 1, 1, 1, 1, 1, 1, 1, 1, 1, 1, 1, 1, 1,
       1, 1, 1, 1, 1, 1, 0, 0, 2, 0, 0, 0, 0, 0, 0, 0, 0, 0, 0, 0, 0, 0,
       0, 0, 0, 0, 0, 0, 0, 0, 0, 0, 0, 2, 0, 0, 0, 0, 0, 0, 0, 0, 0, 0,
       0, 0, 0, 0, 0, 0, 0, 0, 0, 0, 0, 2, 0, 2, 2, 2, 2, 0, 2, 2, 2,
       2, 2, 2, 0, 0, 2, 2, 2, 2, 0, 2, 0, 2, 0, 2, 2, 0, 0, 2, 2, 2, 2,
       2, 0, 2, 2, 2, 2, 0, 2, 2, 2, 0, 2, 2, 2, 0, 2, 2, 0], dtype=int32)
```

09
テキストの分類

所信表明演説ファイル

　さて、前置きが長くなりましたが、首相所信表明演説から単語文書行列を作成し、これをデータとして演説をクラスターに分けてみましょう。前章までは、形態素を半角スペースで区切った文字列のリストを渡していました。今回は、フォルダに保存したファイルを読み込み形態素解析を適用した結果から、単語文書行列を作成することから始めます。

　単語文書行列の作成には、scikit-learnライブラリの **CountVector()** が便利です。今回は、対象がファイルであることを示すため、**input** 引数に **'filename'** を指定します。また、これらのファイルの文章を形態素に分割する方法を指定する必要があります。ここでは、**tokenizer** 引数でラムダ演算子を使って、**my_tokenizer.tokens()** を呼び出しています。 **tokens()** にはストップワードを指定できるので、あらかじめ **args** という辞書変数を用意している点に注意してください。

　また、**CountVector()** では、抽出する形態素の数を絞り込むことができました。指定できるのは、その形態素が出現してる文書（ファイル）数の下限 **min_df** と上限 **max_df** 、そして頻度の多い順でいくつまで抽出するか（ **max_features** ）です。たとえば、最低でも1割以上の文章に出現している形態素（ **min_df=0.1** ）とか、逆に半分以上文書に現れる形態素（ **max_df=0.5** ）を除外するために使われます。どちらも1.0を指定すると、すべての形態素が抽出されます。

　ここでは、半分以上のファイルに出現するような形態素（おそらくは「政治」や「経済」といった形態素）は避け、最終的には最大で50語の単語を抽出してみましょう。

```python
from sklearn.feature_extraction.text import CountVectorizer
import my_mecab_stopwords as my_tokenizer

args={'stopwords_list': stopwords}
vectorizer = CountVectorizer(input='filename',
    token_pattern='(?u)\\b\\w+\\b', lowercase=False,
    max_df=0.5, max_features=50,
    tokenizer=lambda text: my_tokenizer.tokens(text, **args))
prime_dtm = vectorizer.fit_transform(files)
```

　CountVector() はデフォルトでは疎な行列を効率的に保存するデータ形式で結果を返します。

```python
prime_dtm
```

```
<82x50 sparse matrix of type '<class 'numpy.int64'>'
    with 1782 stored elements in Compressed Sparse Row format>
```

　具体的にどのような形態素がどの演説で何回使われているのかということを確認するため、頻度表として表示するには配列に変えます。下記では、配列に変換して次元を確認しています。

```
prime_dtm.toarray().shape
```

```
(82, 50)
```

　さて、単語文章行列が作成されたので、階層的クラスター分析を適用してみましょう。linkage メソッドに適用する際には配列に変換します。

```
%matplotlib inline
import seaborn as sns
import matplotlib.pyplot as plt
plt.style.use('ggplot')
from scipy.cluster.hierarchy import linkage, dendrogram
iris = sns.load_dataset('iris')
result = linkage(prime_dtm.toarray(),
                # metric='braycurtis',
                # metric='canberra',
                # metric='chebyshev',
                # metric='cityblock',
                # metric='correlation',
                # metric='cosine',
                metric='euclidean',
                # metric='hamming',
                # metric='jaccard',
                # method='single',
                # method='average',
                # method='complete',
                # method='weighted',
                method='ward'
                )
fig = plt.figure(figsize=(16, 8))
ax = fig.add_subplot()
dendrogram(result, orientation='top',
          labels=prime_names, color_threshold=0.01, ax=ax)
ax.tick_params(axis='x', which='major', labelsize=12)
ax.tick_params(axis='y', which='major', labelsize=8)
plt.grid()
```

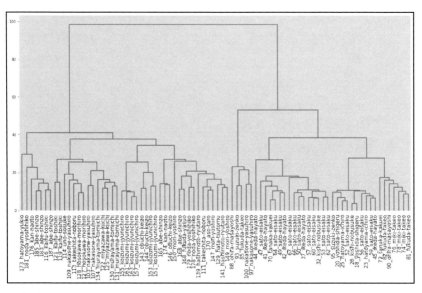

作成されたデンドログラムでは、左から右へと、おおむね年代ごとに演説が分類され
ているように見えます。ただし、距離の測り方とクラスター結合の方法を変えると、結果は
大きく変わることも、読者それぞれで確かめてみてください。

森鴎外と夏目漱石

　Python速習で取り上げた2人の作家の識別をクラスター分析で試してみましょう。ここでも、特徴量は助詞と読点とします。行列を作成するのには、第2章のコードをそのまま使えば済みます。

```python
import os
files = os.listdir('../writers')
files = sorted(files)
path = os.path.abspath('../writers')
files_path = [path + '/' + txt_name for txt_name in files]
from sklearn.feature_extraction.text import CountVectorizer
cv = CountVectorizer(input = 'filename', ngram_range=(2,2), analyzer = 'char')
docs = cv.fit_transform(files_path)
bigrams = [(v,k)  for k,v in (cv.vocabulary_).items()  if k in ['が、', 'て、',
'と、', 'に、', 'は、', 'も、','ら、','で、']]
bigrams_idx = [ i[0]  for i in sorted(bigrams)]
docs.toarray()[:, bigrams_idx]
```

```
array([[ 66, 167,  67,  47,  55,  73,  10,  44],
       [ 66, 194,  52,  34,  81,  67,  25,  34],
       [ 48, 135,  76,  29,  36,  35,  14,  37],
       [ 63, 112,  53,  36,  47,  69,  21,  35],
       [ 31, 143,  37,  86,  41,  40,  22,  51],
       [ 28,  70,  36,  24,  41,  39,  10,  33],
       [ 38, 102,  46,  29,  32,  42,  18,  28],
       [ 33, 138,  38,  41,  39,  22,  13,  44]])
```

```python
%matplotlib inline
import matplotlib.pyplot as plt
plt.style.use('ggplot')
from scipy.cluster.hierarchy import linkage, dendrogram
result = linkage(docs.toarray()[:, bigrams_idx],
                # metric='braycurtis',
                # metric='canberra',
                # metric='chebyshev',
                # metric='cityblock',
                # metric='correlation',
                # metric='cosine',
                metric='euclidean',
```

▼

```
                   # metric='hamming',                          ▼
                   # metric='jaccard',
                   # method= single',
                   # method= 'average',
                   # method='complete',
                   # method='weighted',
                   method='ward'
                   )
fig = plt.figure(figsize=(16, 8))
ax = fig.add_subplot()
dendrogram(result, orientation='top', labels=files, color_threshold=0.01,
ax=ax)
ax.tick_params(axis='x', which='major', labelsize=12)
ax.tick_params(axis='y', which='major', labelsize=8)
plt.grid()
```

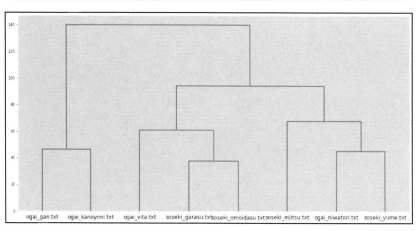

距離としてユークリッド法を、また結合方法として最もよく使われているWard法を指定しましたが、うまく分類できていないようです。

漱石と鴎外データにK-means法を適用するには次の手順になりますが、こちらもうまく分離できていません。クラスター分析では、1つの個体は1つのクラスターに分類されることになります。1つの個体が複数のクラスターに属することを許容する手法ではありません。

ただ、テキストを対象とした場合、ジャンルが異なっていたとしても、その内容に関連性がないというケースは稀でしょう。経済に関するテキストには、政治的な話題も多く含まれているはずです。このようにテキストが複数のジャンルから成り立っていることを考慮する分類する手法としてトピックモデルがあります。

```python
from sklearn.cluster import KMeans
model = KMeans(n_clusters=2, random_state=0)
model.fit(docs.toarray()[:, bigrams_idx])
## ラベル(漱石が1で鴎外が0)が分離できているかを確認
model.labels_
```

```
array([0, 0, 1, 1, 1, 1, 1, 1], dtype=int32)
```

09
テキストの分類

CHAPTER 10

トピックモデル

本章ではトピックモデルについて紹介します。

トピックモデルとは

テキストの分析、あるいはテキストマイニングの代表的な分析手法に**トピックモデル**があります。トピックは、テーマあるいは主題とも表現されます。

新聞を例に説明しましょう。もっとも、今どきは新聞を購読していない人も多いと思いますが、新聞を読んだことが一度もないという人まだ少数派でしょう。さて、新聞の記事には、経済、政治、科学、娯楽、スポーツなどの種類があります。これがトピックに相当します。また、あるトピックには出現しやすい単語というのがあります。政治に関する記事であれば「国会」や「選挙」といった単語が多く出現することになりますし、エンターテインメントであれば「タレント」とか「ドラマ」といった単語が目に付くでしょう。ただし、「タレント」という単語が政治ジャンルには出現しないということはありません。タレントから政治家に転身する人は多いのですから、そうした記事では政治とエンターテインメントそれぞれに顕著な単語の両方が出現していると考えられます。

前の章で取り上げたクラスター分析では、1つのデータは1つのクラスタに分類されるという想定でしたが、トピックモデルは1つのデータ（テキスト）には複数のジャンル（トピック）があるという意味で、複数のクラスターに分類されることを許容するモデルということができます。その意味では、テキストの分類に適した手法であるともいえます。

トピックモデルは、テキストに出現する単語の分布（頻度）の情報から、トピックを推定する手法になります。ただし、トピックモデルが「この記事は経済のトピックである」と判定してくれるわけではありません。トピックモデルを利用することで、多数あるテキストをいくつかのグループに分けることができるわけですが、それらのグループそれぞれの主題、つまりはトピックが、たとえば政治に該当するのか、あるいは経済に該当するのかは我々が解釈することになります。トピックモデルではトピックが推定されると同時に、それぞれのトピックに出現する確率の高い単語のリストが判明します。そのリストを手がかりに、トピックの内容を推定するわけです。

さて、トピックモデルには複数の方法が提案されています。一般にトピックモデルという場合、潜在的ディリクレ配分法（Latent Dirichlet Allocation; LDA）を指す場合が多いようです。そこで、本章でもLDAについての説明を行います。

LDA

LDAは確率モデルです。確率とは、単語が出現する確率になります。テキストごとに単語が出現する確率を推定します。すると、一部のテキスト集合でだけ高い確率で出現する単語の集合が明らかになることがあります。高確率で出現する単語の集合がトピックを構成すると見なすわけです。この単語の集合に政治関連の言葉が多数含まれていれば、その単語集合は「政治トピック」を構成すると解釈できることになります。

前章で対象とした総理大臣所信表明演説データを実際に分析してみましょう。

まず、前章と同じ手順で対象と対象となるフォルダからテキストを読み込みます。ファイル名を短くした文字列のリストも用意しておきます。

```
## utf8フォルダにあるファイル一覧を取得
import os
import re
files = ['utf8/' + path for path in os.listdir('utf8')]
## ファイル名から国会の番号と首相の名前を抽出
pattern = 'utf8/\\d{8}_(\\d{1,3}_[a-z]{1,}-[a-z]{1,})_general-policy-speech.
txt'
results = [re.match(pattern, file_name) for file_name in files]
prime_names = [ res.group(1) for res in results]
```

次にストップワードを読み込みます。ただ、厳密にいうと、ストップワードの使い方にトピック（ジャンル）ごとに差がないとは限りません。興味ある読者は、ストップワードを削除することなく下記の作業を実行するとどのようになるか試してみてください。ここでの説明にあたって筆者は、このデータに対して何度かトピックモデルによる分析を繰り返し、それらの結果を検討した上で、独自にストップワードを設定しています。それらは、国会演説の内容に直接は関わらないであろうと思われる形態素ですが、これを先に読み込んだストップワードリストに追加しています。

```
stopwords = [],
with open('stopwords.txt', 'r', encoding='utf-8') as f:
    stopwords = [w.strip() for w in f]
## ストップワードをさらに追加
stopwords.extend(["あの", "この", "ある", "する", "いる", "できる", "なる",
"れる", "の", "は", "〇", "ソ", "もつ", "わが国", "われわれ","私たち","その
ため","行なう","おこなう"])
## セットに変更（形態素が重複して登録されているのを避けるため）
stopwords = set(stopwords)
## ストップワードの要素数を確認
print(len(stopwords))
```

330

文書単語行列を生成します。前章では単語数を50個に絞りましたが、ここでは200語程度を抽出することにします。ただし、形態素解析器としてJanomeを利用している場合、やや時間がかかります。MeCabであれば、すぐに結果が返ってきます。

```python
from sklearn.feature_extraction.text import CountVectorizer
## 形態素解析器としてMeCabを指定
import my_mecab_stopwords as my_tokenizer
args={'stopwords_list': stopwords}
## フォルダからファイルを読み込んで辞書を作成
vectorizer = CountVectorizer(input='filename', lowercase=False, max_df=0.5,
max_features=200, tokenizer=lambda text: my_tokenizer.tokens(text, **args))
## 文書単語行列を生成
prime_dtm = vectorizer.fit_transform(files)
```

　LDAを適用すべき単語文書行列が生成されました。まず82件の演説からトピックを推定してみましょう。ただし、トピック数は、分析者があらかじめ設定する必要があります。先に説明したように、コンピュータが分類するトピックと、人間が解釈するテーマとは必ずしも一致しません。国会演説であれば、「政治」「経済」「外交」などは独立したトピックと考えられますが、所信表明演説で扱われるトピックがこの3つには限られるということはなさそうです。たとえば「生活」とか「環境」問題、「安全安心」とか、他の話題も出現していそうです。さらに、たとえば「原発」は安全性の問題であると同時に、「環境」の問題ともいえます。このように、所信表明演説のトピック数がいくつあるかはなかなか難しい問題です。それはコンピュータにとっても同じです。トピックだけでなく、適切なトピック数を自動的に推定する方法もありますが、その推定値が我々の感覚的な判断と一致することもなかなかありません。

　ここでは、特に根拠はないのですが、仮にトピック数を5として推定してみたいと思います。

　なお、Pythonでトピックモデルを実行できるパッケージとしてはgensimが有名ですが、scikit-learnでも実行することができます。まず、scikit-learnの`LatentDirichletAllocation`を使った推定を試してみましょう。なお、LDAの推定では任意の乱数が使われているので、結果を再現可能にするため、乱数を実行時に指定します。

10

トピックモデル

```
from sklearn.decomposition import LatentDirichletAllocation
lda = LatentDirichletAllocation(
    ## トピック数
    n_components=5,
    ## 推定における計算回数
    max_iter=20,
    ## 乱数の種を指定
    random_state = 123
)
topic_data = lda.fit_transform(prime_dtm)
```

トピックが推定されました。まず、それぞれのトピックで頻出する語を確認してみましょう。

```
## トピックごとに高頻度で現れる単語の一覧
features = vectorizer.get_feature_names()
## トピック数として5を指定した
for tn in range(5):
    print("topic number: " + str(tn))
    ## トピックごとに上位20語を表示
    row = lda.components_[tn]
    words = ', '.join([features[i] for i in row.argsort()[:-20-1:-1]])
    print(words, "\n")
```

10
トピックモデル

```
topic number: 0
皆さん, 被災地, 再生, 危機, 復興, 未来, 取り戻す, エネルギー, 日本人, 支える, 日本経済, 歴史, もたらす, 行動, 安心, 進む, 投資, 世代, 力強い, 現実

topic number: 1
政治改革, 役割, 国連, 皆様, 構築, 民主主義, 歴史, 秩序, 展開, サミット, 理念, 公正, 是正, 税制, 事態, 不可欠, 向かう, 構造, 世界経済, 土地

topic number: 2
物価, はかる, 所存, 存じる, 沖, 縄, 貿易, 収支, 消費者, 長期, 諸君, 石油, 需要, 輸入, 上昇, 事態, 均衡, 次第, 確信, 講ずる

topic number: 3
皆様, 所存, 次第, 世界経済, 昭和, 行政改革, 石油, 調和, サミット, エネルギー, 国土, 税制, 配慮, 割り, 展望, 首脳, 国際的, 協力関係, 民間, 速やか

topic number: 4
皆様, 議論, 安心, 構造改革, 構築, 取り組み, システム, 民間, 沖縄, 医療, つくる, 役割, 含める, 年金, 平成, 支える, 超える, 活動, 再生, 合意
```

237

各トピックにおいて出現確率の高い単語を上位から20語だけ抽出してみました。また、トピックモデルでは、それぞれの所信表明演説において、5つのトピックが占める割合も推定されています。確認のため10の演説に絞って、トピックの割合を確認してみます。

```python
for i,lda in enumerate(topic_data[:10]):
    topicid=[j for j, x in enumerate(lda) if x == max(lda)]
    print('speech = ' + prime_names [i]  + ' : estimated = ' + str(lda)  + '
: max topic = ' + str(topicid[0]))
```

```
speech = 47_sato-eisaku : estimated = [0.0011297  0.00113668 0.87093112
0.12567359 0.00112892] : max topic = 2
speech = 185_abe-shinzo : estimated = [0.58700919 0.00163806 0.04555288
0.00164127 0.3641586 ] : max topic = 0
speech = 26_kishi-nobusuke : estimated = [0.01126438 0.30459626 0.6613177
0.01145677 0.01136488] : max topic = 2
speech = 163_koizumi-jyunichiro : estimated = [0.1368198  0.00266661
0.00270548 0.00269862 0.85510949] : max topic = 4
speech = 49_sato-eisaku : estimated = [0.00174919 0.00175309 0.99298649
0.00175368 0.00175755] : max topic = 2
speech = 25_hatoyama-ichiro : estimated = [0.00471127 0.00486103 0.98087367
0.00477248 0.00478155] : max topic = 2
speech = 70_tanaka-kakuei : estimated = [0.02930144 0.00160042 0.85146087
0.00159523 0.11604203] : max topic = 2
speech = 53_sato-eisaku : estimated = [0.00170945 0.00172058 0.99313085
0.00172645 0.00171267] : max topic = 2
speech = 90_ohira-masayoshi : estimated = [0.00199984 0.00201557 0.29118928
0.70277272 0.00202258] : max topic = 3
speech = 100_nakasone-yasuhiro : estimated = [0.00106875 0.00107426
0.00107629 0.99570313 0.00107757] : max topic = 3
```

これではわかりにくいので、いったんデータフレームに変換しましょう。所信表明演説ごとに、最も割合の高いトピックの番号と、その割合を出力してみます。

```python
import pandas as pd
df = pd.DataFrame(columns=['speech', 'topic', 'ratio'])
for i,lda in enumerate(topic_data):
    topicid=[j for j, x in enumerate(lda) if x == max(lda)]
    df = df.append({'speech': prime_names [i], 'topic': topicid[0], 'ratio':
max(lda)}, ignore_index=True)
```

作成されたデータフレームの冒頭を確認しましょう。

```
df.head()
```

	speech	topic	ratio
0	47_sato-eisaku	2	0.870931
1	185_abe-shinzo	0	0.587009
2	26_kishi-nobusuke	2	0.661318
3	163_koizumi-jyunichiro	4	0.855109
4	49_sato-eisaku	2	0.992986

　佐藤栄作氏の第47回国会での演説ではトピック3番（添字で **[2]** となります）が約87パーセントを占めることがわかります。一方、安倍晋三氏の第185回国会での演説では約59パーセントが1番目のトピックで占められています。
　次は、トピックの分類結果から、5種類のトピックのいずれが高い割合で出現しているかを調べ、そのパーセンテージが高い順に5個程度抜き出してみましょう。

```
for i in range(5):
    print(df.query('topic == @i').sort_values(['ratio', 'speech'],
ascending=False).head(5))
```

```
          speech topic    ratio
13       183_abe-shinzo    0  0.993022
40   181_noda-yoshihiko    0  0.709630
1        185_abe-shinzo    0  0.587009
42   179_noda-yoshihiko    0  0.531605
             speech topic    ratio
78  127_hosokawa-morihiro    1  0.995411
33     122_miyazawa-kiichi    1  0.993726
74       121_kaifu-toshiki    1  0.927573
62     125_miyazawa-kiichi    1  0.888629
61  128_hosokawa-morihiro    1  0.834693
          speech topic    ratio
31     44_ikeda-hayato    2  0.996771
75     41_ikeda-hayato    2  0.993509
18      64_sato-eisaku    2  0.993249
47      66_sato-eisaku    2  0.993205
7       53_sato-eisaku    2  0.993131
              speech topic    ratio
9  100_nakasone-yasuhiro    3  0.995703
```

239

	speech	topic	ratio
76	85_fukuda-takeo	3	0.994598
21	97_nakasone-yasuhiro	3	0.994111
26	95_suzuki-zenko	3	0.964874
36	107_nakasone-yasuhiro	3	0.912326
	speech	topic	ratio
81	150_mori-yoshiro	4	0.997193
28	174_kan-naoto	4	0.996881
80	149_mori-yoshiro	4	0.996617
58	151_koizumi-jyunichiro	4	0.996137
48	165_abe-shinzo	4	0.995952

　この結果を見ると、総理大臣に就任した時期が近い演説では、共通のトピックが大き
な割合を占めているようです。これは、それぞれの時代特有の政治的・経済的課題が
あり、首相が代わっても、その課題は共有されていたと解釈できるのかもしれません。そ
もそも日本の戦後政治ではほぼ一貫して自民党が政権を担っているので、政党の違い
による政策の違いというのは所信表明演説においてはほとんど顕在化したことがなく、
演説の趣旨の違いはほぼ時代的な課題によっているのかもしれません。

1 0

トピックモデル

CHAPTER 11

単語分散表現

　本章では、最初に異なるテキスト同士の類似度（近さ）をはかる方法について説明します。単純なBoW（文書単語行列）から紹介し、次に「意味を考慮して形態素をデータ化する方法」と、これを活用してテキストの類似度を調べる方法を説明します。

文書ベクトル

　まずベクトルという概念を説明します。日本は高校の段階で文系と理系に分かれる風習があるようで、高校で文系コースを選んでしまうと、ほとんど数学を勉強しないことも珍しくないようです。また、高校の数学の指導要綱も控えめなため、日本の大学には、ベクトルや行列を学んだことがないという大学生が多く在籍しています。ただ、本書でベクトルや行列について1から説明するわけにもいきません。テキストマイニングをまずは試してみるという観点からは、ベクトルも行列も、Pythonのリストとして扱うことのできるデータ形式だと考えておいていただくことにします。

　たとえば下記ではAとBという2つのリストを用意しています。それぞれの要素は整数ですが、これらがベクトルにあたります。ちなみにベクトルの要素数を**次元**(dimension)といいます。

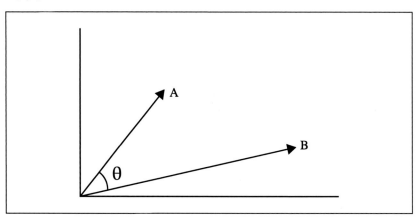

```
import numpy as np
A = np.array([7,3])
B = np.array([3,7])
print(A)
print(B)
```

```
[7 3]
[3 7]
```

この2つのリストを、matplotlibライブラリを使って、座標軸の原点(左下の0)から延びる矢印として描いてみます。

```python
import matplotlib.pyplot as plt
plt.style.use('ggplot')
ax = plt.axes()
ax.arrow(0.0, 0.0, A[0], A[1], head_width=0.6, head_length=0.5, color = 'red')
plt.annotate(f'A({A[0]},{A[1]})', xy=(A[0], A[1]), xytext=(A[0]+0.5, A[1]))
ax.arrow(0.0, 0.0, B[0], B[1], head_width=0.4, head_length=0.6, color = 'blue')
plt.annotate(f'B({B[0]},{B[1]})', xy=(B[0], B[1]), xytext=(B[0]+0.5, B[1]))
plt.xlim(0, 10)
plt.ylim(0, 10)
plt.show()
```

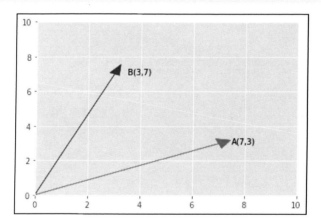

コサイン類似度

このとき、2つの矢印はそれぞれベクトルを表しています。2つベクトルの近さは、それぞれの矢印の間のコサインで表すことができます。これは数学では次のように求められます。

$$\cos(\theta) = \frac{\mathbf{A} \cdot \mathbf{B}}{\|\mathbf{A}\| \|\mathbf{B}\|} = \frac{\sum_{i=1}^{n} A_i B_i}{\sqrt{\sum_{i=1}^{n} A_i^2}\sqrt{\sum_{i=1}^{n} B_i^2}}$$

ベクトルの近さはAとBの内積を、それぞれのノルムで割った値ということになります。この値は0から1の範囲になり、1に近いほど似ている、ということになります。この式をAとBに適用してみます。

$$\frac{7 \times 3 + 3 \times 7}{\sqrt{7^2 + 3^2} \times \sqrt{3^2 + 7^2}} = 0.7241379$$

もっとも、毎回この計算を行うのは大変です。そこでscikit-learnの `cosine_similarity()` を使ってみます。なお、numpyで作成したベクトルAは1次元のデータなのですが、`cosine_similarity()` に渡すためには、2次元（行列）に変えておく必要があります。

```
print(A)
## A の次元数
print(A.ndim)
```

```
[7 3]
1
```

2次元（行列）に変えるには、次のように `reshape()` を使います。

```
## 次元を変換
print(A.reshape(1, -1).ndim)
```

実際に求めてみます。

```
from sklearn.metrics.pairwise import cosine_similarity
cos_sim = cosine_similarity(A.reshape(1, -1), B.reshape(1, -1))
print (f'コサイン類似度:{cos_sim}')
```

```
コサイン類似度:[[0.72413793]]
```

さて、いまAとBという、それぞれ要素が2つだけのベクトルの類似度を求めました。仮にAとBそれぞれの5つの要素があった場合、先ほどのように平面のグラフで描くことはできません。しかし、たとえ要素が2つ以上であったとしても、それぞれの類似度については上記の方法で計算することが可能です。

```
A = np.array([7, 3, 1, 6, 8])
B = np.array([3, 7, 2, 1, 0])
cos_sim = cosine_similarity(A.reshape(1, -1), B.reshape(1, -1))
print (f'コサイン類似度:{cos_sim}')
```

```
コサイン類似度:[[0.49957554]]
```

テキストの類似度

ところで、文書単語行列では、テキストごとに出現した単語の頻度をベクトルとして表現し、これらを並べて行列として結合したものだと考えることができます。この場合、各文書の次元(ベクトルの要素数)は、すべての文書を通じて出現した語彙数ということになります。

ですので、文書単語行列から、ある行(テキスト)と、別の行(テキスト)とのコサイン類似度を求めることができます。試してみましょう。まず、文書単語行列を用意しましょう。

ここでも歴代総理大臣所信表明演説データを利用しましょう。本書においては、これまでの章でも何度か作成しているので、下記のセルで一気に文書単語行列を用意します。

```python
## utf8フォルダにあるファイル一覧を取得
import os
import re
files = ['utf8/' + path for path in os.listdir('utf8')]
pattern = 'utf8/\\d{8}_(\\d{1,3}_[a-z]{1,}-[a-z]{1,})_general-policy-speech.txt'
results = [re.match(pattern, file_name) for file_name in files]
prime_names = [ res.group(1) for res in results]
stopwords = [],
with open('stopwords.txt', 'r', encoding='utf-8') as f:
    stopwords = [w.strip() for w in f]
## ストップワードをさらに追加
stopwords.extend(['あの', 'この', 'ある', 'する', 'いる', 'できる', 'なる',
'れる', 'の', 'は', '〇', 'ソ', 'もつ', 'わが国', 'われわれ','私たち','その
ため','行なう','おこなう','%'])
## セットに変更(形態素が重複して登録されているのを避けるため)
stopwords = set(stopwords)
## ストップワードの要素数を確認
len(stopwords)
# 単語文書行列の作成
from sklearn.feature_extraction.text import CountVectorizer
import my_mecab_stopwords as my_tokenizer
args={'stopwords_list': stopwords}
vectorizer = CountVectorizer(input='filename', lowercase=False,
    max_df=0.5, max_features=300,
    tokenizer=lambda text: my_tokenizer.tokens(text, **args))
prime_dtm = vectorizer.fit_transform(files)
## 文書単語行列のサイズを確認
print(prime_dtm.shape)
```

```
(82, 300)
```

　最後の出力から、82個の所信表明演説それぞれについて、引数 **max_features** で指定した最大個数である300個の形態素の頻度が出力されています。この意味は、各テキスト（所信表明演説）は300個の要素からなるベクトルで表現されているということです。

　この行列の要素（成分）は、各文書で出現した単語数になっています。そのため、文書が長くなると、自然に頻度が増えることになります。テキスト分析では、文書の長さを合わせることは必ずしも簡単ではありません。そこで、文書の長さに合わせて頻度を調整することを考えます。それが先の章で紹介したTF-IDFということになります。いま作成した **prime_dtm** に **TfidfTransformer()** を適用します。

```
from sklearn.feature_extraction.text import TfidfTransformer
transformer = TfidfTransformer()
## 各ドキュメントのTF-IDFを計算
tfidf = transformer.fit_transform(prime_dtm)
```

　scikit-learnのデータ形式は疎行列に特化した形式になっているのでわかりにくいです。そこで、これをデータフレームに変換しましょう。疎行列として保存されている **tfidf** オブジェクトを密行列（つまり数値の表）に変えるのに **todense()** を利用し、列名（形態素）と行名（所信表明演説）を追加します。

```
import pandas as pd
df = pd.DataFrame(tfidf.todense(), columns = vectorizer.get_feature_names(),
index = prime_names )
df
```

	あず	あわせる	いう	かかわる	ここに	つくる	とる	とれる	はかる	ふさわしい	…	関心	関連	関連法案	防止	需要	首脳	高い	高める	高度	ＩＴ
47_sato-eisaku	0.0	0.078526	0.000000	0.000000	0.000000	0.000000	0.039883	0.125580	0.432913	0.000000	…	0.039883	0.039263	0.000000	0.039883	0.000000	0.071783	0.000000	0.077324	0.125580	0.000000
186_abe-shinzo	0.0	0.151466	0.036723	0.000000	0.000000	0.170602	0.000000	0.040371	0.000000	0.000000	…	0.000000	0.000000	0.000000	0.000000	0.000000	0.000000	0.103844	0.000000	0.040371	0.000000
26_kishi-nobusuke	0.0	0.000000	0.000000	0.000000	0.409729	0.000000	0.000000	0.000000	0.211870	0.000000	…	0.000000	0.000000	0.000000	0.000000	0.000000	0.000000	0.189213	0.000000	0.000000	0.000000
163_koizumi-jyunichiro	0.0	0.000000	0.000000	0.000000	0.000000	0.000000	0.000000	0.000000	0.000000	0.000000	…	0.000000	0.157796	0.132847	0.000000	0.000000	0.000000	0.000000	0.000000	0.000000	0.000000
49_sato-eisaku	0.0	0.052268	0.000000	0.000000	0.055725	0.188389	0.063092	0.000000	0.230521	0.000000	…	0.000000	0.000000	0.000000	0.053092	0.000000	0.000000	0.000000	0.000000	0.055725	0.000000
81_fukuda-takeo	0.0	0.000000	0.059124	0.060965	0.064998	0.000000	0.074184	0.038931	0.040262	0.037686	…	0.037092	0.000000	0.000000	0.037092	0.000000	0.000000	0.066760	0.107870	0.000000	0.000000
127_hosokawa-morihiro	0.0	0.000000	0.000000	0.000000	0.038931	0.000000	0.074184	0.038931	0.040262	0.037686	…	0.037092	0.000000	0.000000	0.037092	0.000000	0.000000	0.066760	0.107870	0.000000	0.000000
119_kaifu-toshiki	0.0	0.033266	0.064522	0.033266	0.000000	0.029975	0.067581	0.000000	0.000000	0.034332	…	0.027006	0.000000	0.000000	0.027006	0.000000	0.033791	0.121637	0.030409	0.000000	0.000000
149_mori-yoshiro	0.0	0.000000	0.025784	0.026587	0.000000	0.047914	0.000000	0.028345	0.000000	0.109755	…	0.027006	0.000000	0.000000	0.027006	0.000000	0.000000	0.145823	0.000000	0.026180	0.028345	0.497857
160_mori-yoshiro	0.0	0.000000	0.019434	0.000000	0.054171	0.000000	0.000000	0.000000	0.103407	0.000000	…	0.000000	0.040079	0.024178	0.020356	0.000000	0.018319	0.064956	0.059198	0.021365	0.579933

82 rows × 300 columns

　この文書単語行列の特徴は、文書ごとに長さが1に正規化されていることです。ここで**正規化**とは、各文書の要素をそれぞれ自乗して合計した値の平方根を取ると、1になっているということです。検算してみましょう。ちなみに、平方根をとるというのは、0.5乗するということです。

```
print(df.apply(lambda x: (x**2).sum()** 0.5, axis=1))
```

```
47_sato-eisaku              1.0
185_abe-shinzo              1.0
26_kishi-nobusuke           1.0
163_koizumi-jyunichiro      1.0
49_sato-eisaku              1.0
                            ...
81_fukuda-takeo             1.0
127_hosokawa-morihiro       1.0
119_kaifu-toshiki           1.0
149_mori-yoshiro            1.0
150_mori-yoshiro            1.0
Length: 82, dtype: float64
```

確かに正規化されています。所信表明演説のすべてのペアについて類似度を測りま
す。これは簡単です。文章単語行列全体に cosine_similarity() を適用するだ
けです。

```
prime_sim = cosine_similarity(df)
prime_sim
```

```
array([[1.        , 0.09501386, 0.24995617, ..., 0.22591215, 0.18308799,
        0.14639476],
       [0.09501386, 1.        , 0.03855714, ..., 0.25610042, 0.20345656,
        0.18659045],
       [0.24995617, 0.03855714, 1.        , ..., 0.10611083, 0.08016128,
        0.08328839],
       ...,
       [0.22591215, 0.25610042, 0.10611083, ..., 1.        , 0.25651426,
        0.23089066],
       [0.18308799, 0.20345656, 0.08016128, ..., 0.25651426, 1.        ,
        0.72633377],
       [0.14639476, 0.18659045, 0.08328839, ..., 0.23089066, 0.72633377,
        1.        ]])
```

　たとえば1行目の出力の見方は、0番目の所信表明演説（47_sato-eisaku）と0番目の
所信表明演説の類似度は1ということです。つまり、完全に一致しているということになり
ます。これは当然ですね。その横にある0.30063538は0番目の所信表明演説と1番目の
所信表明演説（185_abe-shinzo）の類似度です。

　各行ごとに最大値、つまり最も類似している所信表明演説を確認してみましょう。なお、各行の最大値は1になっています。これは、自分自身との類似度を求めているので、当然です。ちなみに、自分自身との類似度は行列の対角要素になります。

```
## 行列の対角成分を出力する
np.diag(prime_sim)
```

```
array([1., 1., 1., 1., 1., 1., 1., 1., 1., 1., 1., 1., 1., 1., 1., 1., 1.,
       1., 1., 1., 1., 1., 1., 1., 1., 1., 1., 1., 1., 1., 1., 1., 1., 1.,
       1., 1., 1., 1., 1., 1., 1., 1., 1., 1., 1., 1., 1., 1., 1., 1., 1.,
       1., 1., 1., 1., 1., 1., 1., 1., 1., 1., 1., 1., 1., 1., 1., 1., 1.,
       1., 1., 1., 1., 1., 1., 1., 1., 1., 1., 1., 1., 1.])
```

　単純に各行の最大値を求めてしまうと、自分自身との類似度1が選ばれてしまいます。そこで、この対角要素を `np.fill_diagonal()` で0に変えてから、最大値を求めることにします。3行3列の行列を例に、この作業のイメージを示しましょう。

```
## 単純な行列を作成する
A = np.array([[1,2,3], [4,5,6], [7,8,9]])
print(A)
print('行列の対角成分を0に変える')
np.fill_diagonal(A, 0)
print(A)
```

```
[[1 2 3]
 [4 5 6]
 [7 8 9]]
行列の対角成分を0に変える
[[0 2 3]
 [4 0 6]
 [7 8 0]]
```

　では、文書単語行列の対角成分を0に置き換えてしまいます。

```
np.fill_diagonal(prime_sim, 0)
prime_sim
```

```
array([[0.        , 0.09501386, 0.24995617, ..., 0.22591215, 0.18308799,
        0.14639476],
       [0.09501386, 0.        , 0.03855714, ..., 0.25610042, 0.20345656,
        0.18659045],
       [0.24995617, 0.03855714, 0.        , ..., 0.10611083, 0.08016128,
        0.08328839],1
       ...,
       [0.22591215, 0.25610042, 0.10611083, ..., 0.        , 0.25651426,
        0.23089066],
       [0.18308799, 0.20345656, 0.08016128, ..., 0.25651426, 0.        ,
        0.72633377],
       [0.14639476, 0.18659045, 0.08328839, ..., 0.23089066, 0.72633377,
        0.        ]])
```

　ちなみに、numpyの **fill_diagonal()** は渡された引数データの中身を直接書き換えます。対角成分を確認してみましょう。1行目と1列目、また2行目と2列目の成分を表示してみます。

```
print(prime_sim[0][0])
print(prime_sim[1][1])
```

```
0.0
0.0
```

　文書単語行列の各行の最大値である列番号（0起算）を確認します。

```
row_max_index = np.argmax(prime_sim, axis=1)
print(row_max_index)
```

```
[31 51 71 58 57 75 31 31 45 21 36 16 64 65 39 59 78 22 47 60 53  9 58 30
 75 41  9 31 48 28 23 75 24 62  0 49 10 38 64 14 65 25 65 17 38  8 52 53
 28 35 80  1 49 56 58 30 53  4 22 56 24 78 61 45 38 42 68 73 28 36  0 32
 31 67 62 31  9 37 61 74 81 80]
```

　さて、ここから所信表明演説ごとに最も類似している演説とその類似度をまとめたいのですが、上記の出力をそのまま使うと、同じデータが二度取得されてしまいます。たとえばA行と最も類似度が高い列がBだとします。すると、B行で最も類似度が高いのはA列だということになります。つまり「AとBの類似度」と「BとAの類似度」の2つが求められますが、これはデータとしては重複になります。そこで、対角要素と、その右上の要素をすべて0に変えます。次にこの作業のイメージを示します。

```
A = np.array([[0,2,3], [2,0,1], [3,1,0]])
print(A)
print('右上の要素をすべて0に変える')
A = np.tril(A)
print(A)
```

```
[[0 2 3]
 [2 0 1]
 [3 1 0]]
右上の要素をすべて0に変える
[[0 0 0]
 [2 0 0]
 [3 1 0]]
```

　後の作業のため、ここで所信表明演説の類似度行列のコピーを作成し、このコピーを操作します。いったんデータフレームに変換します。対角要素の右上を0にし、この結果から各行ごとに最も類似している所信表明演説のタイトルを表示してみましょう。

```
print(len(prime_sim))
prime_sim2 = np.tril(prime_sim)
df2 = pd.DataFrame(columns=['X', 'Y', 'similarity'])

for i, j in enumerate(row_max_index):
    if prime_sim2[i][j] == 0:
        continue
    else:
        df2 = df2.append({'X': prime_names[i] , 'Y': prime_names[j],
                          'similarity': prime_sim2[i][j] }, ignore_index=True)
df2.sort_values('similarity', ascending=False).head(20)
```

```
82
row number = 39
```

	X	Y	similarity
17	57_sato-eisaku	62_sato-eisaku	0.875145
20	59_sato-eisaku	57_sato-eisaku	0.808150
36	127_hosokawa-morihiro	128_hosokawa-morihiro	0.743670
25	178_noda-yoshihiko	179_noda-yoshihiko	0.731338
38	150_mori-yoshiro	149_mori-yoshiro	0.726334
8	144_obuchi-keizo	143_obuchi-keizo	0.696456
31	168_fukuda-yasuo	168_abe-shinzo	0.686183
19	151_koizumi-jyunichiro	153_koizumi-jyunichiro	0.677783
11	88_ohira-masayoshi	90_ohira-masayoshi	0.672031
33	41_ikeda-hayato	44_ikeda-hayato	0.660358
14	187_abe-shinzo	185_abe-shinzo	0.654346
18	50_sato-eisaku	49_sato-eisaku	0.651360
3	141_hashimoto-ryutaro	139_hashimoto-ryutaro	0.631275
22	125_miyazawa-kiichi	128_hosokawa-morihiro	0.618471
6	107_nakasone-yasuhiro	103_nakasone-yasuhiro	0.616794
13	131_murayama-tomiichi	134_murayama-tomiichi	0.612548
24	74_miki-takeo	76_miki-takeo	0.603419
7	111_takeshita-noboru	113_takeshita-noboru	0.598805
0	97_nakasone-yasuhiro	100_nakasone-yasuhiro	0.593987
15	129_hata-tsutomu	131_murayama-tomiichi	0.586209

　ペアの類似度が高いのは、ほとんどが同じ総理大臣による（別の国会での別の）演説となっています。これは互いに内容が似ているのも当然でしょう。また、異なる総理大臣による所信表明演説が高い類似度を示している場合は、時代間隔（国会の開催年月日）がきわめて近いことも確認できます。

　たとえば、安倍晋三氏は168期の国会で退陣し、その5年後に再び総理大臣に返り咲いています。つまり最初の就任期と、第183回との間には時間的なズレがあり、そのため、演説の内容やスタンスも変わっていると思われます。確認してみましょう。最初に作成した `prime_sim` から検索します。ただし、この配列には行名（また列名）がないので、いったんデータフレームに変換しましょう。この結果を `filter()` を使って絞り込みます。まず、indexに **abe** が含まれている行を抽出し、続けて列名に **abe** が含まれている列を探します。

```
df3 = pd.DataFrame(prime_sim, columns=prime_names, index=prime_names)
df3.filter(like = 'abe', axis=0).filter(regex='abe').sort_index()
```

	185_abe-shinzo	183_abe-shinzo	165_abe-shinzo	187_abe-shinzo	168_abe-shinzo
165_abe-shinzo	0.325235	0.317965	1.000000	0.251582	0.494684
168_abe-shinzo	0.276883	0.239228	0.494684	0.226264	1.000000
183_abe-shinzo	0.511128	1.000000	0.317965	0.352420	0.239228
185_abe-shinzo	1.000000	0.511128	0.325235	0.682125	0.276883
187_abe-shinzo	0.682125	0.352420	0.251582	1.000000	0.226264

　出力がわかりにくいかと思いますが、たとえば1行目（165_abe-shinzo）は第165回国会での所信表明演説にあたり、その内容について第1列目（165_abe-shinzo）、すなわち第185回演説との近さを測ると約32%となっています。一方、3列目の第165回演説との類似度は1ということです。つまり、完全に一致しているということになります。これは当然ですね。その横にある0.51687549は1番目の所信表明演説と2番目の所信表明演説（168_abe-shinzo）の類似度です。ちなみに安倍元総理は、この段階で退陣し、5年後に再び総理大臣に返り咲いています。つまり最初の就任期と、第183回との間には時間的なズレがあり、そのため演説の内容やスタンスも変わっていると思われます。実際、時間的に離れた所信表明演説の類似度は小さくなっているようです。

　165期と168期の演説の類似度は約0.495です。また、183期以降の演説それぞれの類似度はそれぞれ0.5を超えています。が、165期ないし168期の演説と、183期以降の演説との類似度は0.2から0.3のあいだとなっています。

　一方、181期の旧民主党の野田元総理と185期の自民党安倍元総理の類似度が0.67と高いことに気が付きます。これは、どちらの総理も東日本大震災に続いて就任しており、そのため被災地の復興が政策の中心的な課題であったことが影響していると考えられます。

　参考までに文書単語行列に登録された単語の一覧をみてみましょう。

```
print(vectorizer.get_feature_names())
```

```
['%', 'あわせる', 'つくる', 'とる', 'はかる', 'ふさわしい', 'めぐる', 'もたらす', 'よい', 'エネルギー', 'サミット', 'システム', '一人一人', '一体', '上げる', '上昇', '不可欠', '世代', '世界経済', '事件', '事態', '事業', '交流', '人間', '人類', '住宅', '住民', '供給', '価格', '克服', '公務員', '公正', '内閣総理大臣', '円滑', '再生', '削減', '前進', '割り', '創造', '力強い', '効果', '動き', '動向', '医療', '協力関係', '協議', '危機', '参加', '収支', '取りまとめる', '取り戻す', '取り組み', '受けとめる', '合う', '合意', '向かう', '含む', '含める', '国交', '国内', '国土', '国政', '国連', '国際的', '土地', '均衡', '型', '基礎', '堅持', '大切', '大統領', '姿', '姿勢', '存じる', '安全保障', '安心', '寄与', '対話', '展望', '展開', '幅広い', '平成', '年金', '年間', '引き続く', '形成', '役割', '従来', '復興', '徹底', '応じる', '思い', '意味', '懸案', '戦略', '所存', '払う', '技術', '投資', '
```

11

単語分散表現

担う', '拡充', '提案', '支える', '改正', '政治家', '政治改革', '方向', '日
本人', '日本経済', '昭和', '是正', '最大', '最大限', '未来', '案', '構築',
'構造', '構造改革', '次第', '正常化', '歳出', '歴史', '民主主義', '民間', '
水準', '沖', '沖縄', '活動', '活性化', '消費者', '深刻', '物価', '率直', '
現実', '理念', '生かす', '生じる', '発揮', '皆さん', '皆様', '真', '真剣',
'石油', '確信', '科学技術', '秩序', '税制', '策', '策定', '経済成長', '経済
的', '続く', '緊急', '締結', '編成', '緩和', '縄', '置く', '考え方', '育成',
'至る', '行動', '行政改革', '被災地', '補正予算', '見直す', '規制', '言う',
'訴える', '調和', '調整', '諸君', '諸問題', '講ずる', '議員', '議論', '貿易
', '資源', '質', '超える', '転換', '輸入', '農業', '速やか', '連携', '進む',
'進展', '遂げる', '過去', '配慮', '重ねる', '重大', '長期', '関連', '防止',
'需要', '首脳', '高い', '高める', '高度']

安倍総理の演説における「復興」と「被災地」の出現確率を確認します。

```
df.filter(like='abe', axis=0)[['復興','被災地']]
```

	復興	被災地
185_abe-shinzo	0.214127	0.223403
183_abe-shinzo	0.239159	0.332693
165_abe-shinzo	0.045612	0.000000
187_abe-shinzo	0.124784	0.000000
168_abe-shinzo	0.053980	0.000000

同様に、野田総理の演説における「復興」と「被災地」の出現確率を確認します。

```
df.filter(like='noda', axis=0)[['復興','被災地']]
```

	復興	被災地
181_noda-yoshihiko	0.151557	0.337328
179_noda-yoshihiko	0.269989	0.657266
178_noda-yoshihiko	0.296566	0.412551

単語分散表現

　前章までは、テキストからBoWを作成していました。BoWをベースにしたモデルでは、文書ごとに形態素（単語）の出現回数を調べ、必要に応じて頻度をTF-IDFなどに変換したデータを分析の出発点とします。この場合、形態素が出現した位置、あるいは文脈（その形態素が、別のどのような形態素の後ないし前に出現したのか）は考慮されていません。

　しかしながら、文章においては、形態素が文中のどこに出現しているかは非常に重要です。ある形態素がどの位置に出現するかは、まず文章全体によって決まります。つまり、出現位置は、文章の意味と深く関わっています。形態素の多くは特定の文脈に現れることから、同じような文脈に表れる形態素の意味は似ているとする仮説があります。たとえば次の2つの文は、同じような文脈を表しています。

　1 校庭 で サッカー を した。

　2 校庭 で 野球 を した。

　サッカーと野球は似て非なるものなのですが、ボールを使う球技で人間が「する」ものであり、かつ校庭にような広いスペースを必要とするという共通点があります。出現する文脈が似ている場合、その意味も似ていると考えるのが、**分布仮説**です。そこで、大量のテキストから、ある形態素がどのような文脈で出現したかを調べれば、分布の似ている形態素を知ることができます。そこで、ある形態素の意味を、近隣に出現しやすい形態素との近さとして表現できると便利です。

　ここまた、ベクトルという概念を使います。先に文書ベクトルの説明をしましたが、そこではある文書を2つの数値からなる2次元のベクトルで表し、2次元平面上で原点から延びる矢印として考えました。同じように、ある（1つの）単語を複数の数値からなるベクトルとして表します。これにより、ある単語と別の単語の意味の類似度を2本の矢印の近さとして表現することができます。

　では単語のベクトルはどのように求められるでしょうか。

Word2Vec

単語分散表現の嚆矢であるWord2Vecでは、大規模なテキスト集合であるコーパスから単語分散表現を作成します。

この際には主に2つの方法が使われています。1つは、ある特定の文脈に出現しやすい単語を予測できるようなモデルを生成することです。もう1つは、ある単語の周辺に出現しやすい単語群を予測できるようなモデルを生成することになります。

前者をCBOW、後者を**skip-gram**と呼びます。

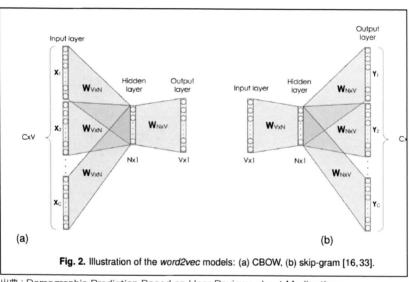

Fig. 2. Illustration of the *word2vec* models: (a) CBOW, (b) skip-gram [16, 33].

出典：Demographic Prediction Based on User Reviews about Medications
(https://www.researchgate.net/publication/318507923_Demographic_Prediction_
Based_on_User_Reviews_about_Medications)

いずれも方法でも、入力となるのは単語の**ワンホットベクトル**です。

▊▊▊ ワンホットベクトル

いま、出現する語が「犬」「猫」「猿」「雉」「人」の5つだけのテキストがあるとします。このとき、それぞれの単語を次のベクトルで表現します。行列の列（縦）が各単語のベクトルになります。

犬	猫	猿	雉	人
1	0	0	0	0
0	1	0	0	0
0	0	1	0	0
0	0	0	1	0
0	0	0	0	1

要は、行ごとにみると1行名が「犬要素」、2行目が「猫要素」、3行目が「猿要素」、4行目が「雉要素」、5行目が「人要素」に対応しているわけです。そして1列目の犬は、5行のうち該当するのが1行目だけであり、ここを1とし、他がすべて0になります。単純ですが、これにより各単語が5次元のベクトルで表され、互いに区別できるわけです。

ただし、読者の中には、猿と人は近いから、猿ベクトルと人ベクトルは、「猿要素」と「犬要素」の両方に反応してもよいのではないかと思う方もいるかもしれません。

犬	猫	猿	雉	人
1	0	0	0	0
0	1	0	0	0
0	0	1	0	1
0	0	0	1	0
0	0	1	0	1

ただ、こうすると「猿」と「人」のベクトルがまったく同じなって区別がつきません。そこで、たとえば次のようにして、「人」は「人要素」が強く、「猿要素」は弱いが、「猿」は逆であることを示すことができるかもしれません。

犬	猫	猿	雉	人
1	0	0	0	0
0	1	0	0	0
0	0	0.8	0	0.1
0	0	0	1	0
0	0	0.2	0	0.9

単語を複数次元のベクトルで表すということは、このように単語と単語の違いに加えて、その近さ（類似度）を表現することでもあります。上記で猿ベクトルと人ベクトルの数値は適当に決めましたが、これらを大規模テキストデータを使って計算しようというのが、ここで紹介するワードベクトルになります。

▌▌▌skip-gram

skip-gramでは、ワンホットベクトルから、周辺に出現しやすい単語群を予測します。予測するために、コーパスをデータとして学習を行いますが、この学習には、隠れ層が1つであるニューラルネットワークが使われます。コーパスを学習することで、入力と隠れ層の間の重み行列が推定されます。この行列の行数は語彙数と同じで、列数は隠れ層に指定されたユニット数となります。この隠れ層と、先ほどの重み行列を転値した行列との積から、最終的には、各単語の出現確率が推定されます。単語分散行列として使われるのは、入力から隠れ層の間の重み行列です。この各行が各単語の分散表現に相当します。列数、すなわち隠れ層のユニットは200から300が使われることが多いです。つまり、単語分散表現では、各単語は200から300の次元からなるベクトルとして表現されます。

単語分散表現は、大規模なテキスト集合、いわゆるコーパスから作成されます。日本語の場合、日本語ウィキペディアに登録された記事の集合から作成されることが多いです。規模の大きなコーパスから単語分散表現を求めるのは、個人のパソコンでは難しい面がありますが、幸いにして、各種研究機関や企業が処理を行った結果がモデルとして公開されています。

東北大学の乾・岡崎研究室[1]では、研究過程で作成した単語分散表現を公開しています。実は、このモデルは単語分散表現として利用できるだけではありません。このモデルでは、**エンティティ**、すなわち人名や地名、企業名などのいわゆる固有名詞について、その関係性が分散表現として含まれています。本書でも、このモデルを利用させてもらいます。

公開サイト[2]から **20170201.tar.bz2**（2017年2月1日版、1.3GB、解凍後2.6GB）をダウンロードし、解凍してください。非常に大きなファイルなので、ダウンロードにも解凍にも時間がかかります。なお、拡張子のtar.bz2は特殊な圧縮形式のファイルを表しています。MacやLinuxならばターミナルで **$ tar -jxvf 20170201.tar.bz2** とすれば解凍でき、**entity_vector.model.bin** というファイルが確認できるはずです。これが単語分散表現になります。Widonwsの場合は、解凍用のソフトウェアをインストールした方が簡単でしょう。フリーの7-Zipなどが使われることが多いようですが、自身で検索して調べて好みのソフトウェアを選んでください。

ダウンロードした単語分散表現を扱うためにPythonに**gensim**ライブラリを導入します。

```
pip install gensim
```

[1]：https://www.nlp.ecei.tohoku.ac.jp/
[2]：http://www.cl.ecei.tohoku.ac.jp/~m-suzuki/jawiki_vector/

11
単語分散表現

準備が整いましたので、ダウンロードした単語分散表現を使ってみましょう。

```
import gensim
from gensim.models.word2vec import Word2Vec
## ダウンロードした単語分散表現がJupyterを起動しているフォルダにあるとします
model = gensim.models.KeyedVectors.load_word2vec_format('entity_vector.
model.bin', binary=True)
```

```
/mnt/myData/GitHub/textmining_python/lib/python3.8/site-packages/gensim/
similarities/__init__.py:15: UserWarning: The gensim.similarities.levenshtein
submodule is disabled, because the optional Levenshtein package <https://
pypi.org/project/python-Levenshtein/> is unavailable. Install Levenhstein
(e.g. `pip install python-Levenshtein`) to suppress this warning.
  warnings.warn(msg)
```

ここで利用するのモデルはファイル名の末尾が **bin** となっています。 **bin** はバイナリファイルという意味です。また、先に述べたように、このモデルではエンティティの関係性が分散表現として求められています。これを使って、「徳島」がここでどのように表現されているかを確認してみましょう。

```
print(model['徳島'])
model['徳島'].shape
```

```
[-0.1451146    0.64631635   1.1206466    0.53557366   1.1265059   -0.47855055
 -1.9572403   -0.36092016  -0.12230052   0.00528774  -0.9410112    0.5655498
 -0.34019628   0.03107905   1.2963295   -0.03178046   0.67060477   1.1305983
 -0.3368416   -1.2133294    1.1458337   -1.2171845    1.3975791   -0.8819545
  0.8784004   -1.0548002   -1.2283356    0.04045669  -0.01702263  -0.32386667
 -1.0599047    0.8248806    0.12551713  -0.12358826   2.4171948    0.5412358
  1.6744537    0.7213261   -0.07311266   1.221979     0.60591567   0.6359788
 -1.6467801   -0.483416     0.33695164   0.52571183  -0.8949706    0.6989222
  0.10594787   1.4380262    2.4102638   -1.5664365   -0.1476826   -1.0740054
  0.13817035   0.28903145   1.1353608    0.02972492   0.42153484   0.3525321
  0.41672072   0.45877242  -1.367437    -1.2573254    0.44229034   1.6489668
 -0.5580291    1.5877541    0.45503724   0.41794908  -0.48812628  -0.75694937
  0.16592807   0.21474564  -0.39681706   0.40212667  -0.72284573  -1.7669711
 -0.71841913  -0.3941651    1.3607436    1.4318576    0.43657574  -1.0812192
 -1.4796697    0.8808305   -2.896217    -0.28217202  -0.10230227  -1.8142314
 -0.7627604    0.61423904  -0.407716     0.9422217   -1.2616667    2.3023157
 -2.4974165    0.33682728   0.31226307  -1.6989379   -0.612968     0.9000666
 -0.79090774  -0.42063704   0.19587651  -0.02609681  -0.40632007  -0.14033686
 -0.30916756   0.0440501    0.26087508  -0.5646983   -1.0106723   -1.3726658
 -0.24852811  -1.0716788   -0.04256602  -0.15830214  -0.14624959   1.3771601
```

11
単語分散表現

259

```
     0.78676933    1.7137731    -0.7104532     0.01694393    0.698215      0.20814341
    -0.47401345   -1.3165212    -0.30451518   -0.33904967    0.67839813    0.07755331
    -0.07964803   -1.2001079    -1.3295679    -0.20558964    1.2172337     0.9167497
     0.24913028    1.266321     -0.71333826    2.1852624    -0.07494659   -1.30173
    -0.22887936    0.35512725    0.7201695     0.53420866    0.18403317    2.0518787
    -0.6226907    -0.37034342    0.2113158    -1.022931     -1.2034961    -1.6787721
     0.34630585   -2.0976436     0.30796668   -0.29899076   -0.1294589    -0.34831455
     0.2448933    -0.312876      0.5916982    -1.3266097     0.67156494    0.8034996
     0.5298861     0.95500755    1.0610118     1.1583117     0.40923405   -0.23056316
    -1.4721186     2.5312393    -0.24470648    0.7045202     1.8048768     0.01326977
     2.409381      1.6333113    -0.98599666   -0.17802572    0.03622497   -0.16439998
     0.11351351   -1.5526029    -0.4652032     0.72413975   -1.8166566     1.4446893
    -1.3221014     0.9393928     1.338765      0.40931824   -0.23101576   -3.3050535
     0.58510953    0.02195218]

(200,)
```

徳島がエンティティとして200個の数値で表現されています。つまり200次元のベクトル
になっています。他のすべてのエンティティも（そして、エンティティ以外の単語も）200個
の数値で表現されているわけです。すると、ある地名と別の地名の類似度が、前回学
んだコサイン類似度を使っても求めることができるようになります。「徳島県」に近い固有
名詞を抽出してみましょう。

これには most_similar() を使います。

```
model.most_similar('徳島県')
```

```
[('香川県', 0.8651489615440369),
 ('岡山県', 0.8528105616569519),
 ('山口県', 0.8483657240867615),
 ('愛媛県', 0.8469836711883545),
 ('高知県', 0.8455371856689453),
 ('熊本県', 0.8427625894546509),
 ('新潟県', 0.8358582258224487),
 ('島根県', 0.8284846544265747),
 ('鳥取県', 0.8260581493377686),
 ('静岡県', 0.8161298632621765)]
```

上位5つは、要するに中国・四国地方に位置する県になっています。他に、熊本や
新潟が似ていると判断されています。これは日本語ウィキペディアにおいて、徳島県と熊
本県、新潟県が同じような文脈で使われていることを示唆しています。

もう少し、単語分散表現で遊んでみましょう。単語分散表現で話題によく上がるのが、概念を計算できることです。「東京」から「日本」を引いて、「フランス」を足すという操作ができるのです。

東京 - 日本 + フランス

gensim では、`most_similar()` メソッドの引数 `positive` と `negative` を使って加減を表します。このメソッド内では、「東京にフランスを足すが、同時に日本を引く」という解釈になるでしょうか。

```
model.most_similar(positive=['東京', 'フランス'], negative=['日本'])
```

```
[('パリ', 0.7462971210479736),
 ('[パリ]', 0.6993756294250488),
 ('ベルリン', 0.6419284343719482),
 ('ロンドン', 0.6390188336372375),
 ('ミラノ', 0.6374871730804443),
 ('ウィーン', 0.6211003065109253),
 ('ブリュッセル', 0.6124843955039978),
 ('ミュンヘン', 0.6093114614486694),
 ('ハンブルク', 0.5993486642837524),
 ('[リヨン]', 0.5960404872894287)]
```

列挙されている順番に、正答である確率が高いことになりますが、「パリ」が最も確率が高くなっています。つまり、日本の首都が東京だとすれば、フランスの首都はパリであることが、言語モデルに基づいて回答できたことになります。あるいはAIが答えを導き出したといえるでしょうか、

次に、「阿波おどり」から「徳島」を引いて、高知を足してみましょう。

阿波おどり - 徳島 + 高知

```
model.most_similar(positive=['阿波おどり', '高知'], negative=['徳島'])
```

```
[('[よさこい]', 0.6300591230392456),
 ('夏祭り', 0.5732635259628296),
 ('[よさこい祭り]', 0.5656487941741943),
 ('[YOSAKOI]', 0.5619512796401978),
 ('夏まつり', 0.5619202256202698),
 ('総踊り', 0.5596013069152832),
 ('夏祭', 0.5583030581474304),
 ('[阿波踊り]', 0.5561996102333069),
 ('おどり', 0.548295259475708),
 ('まつり', 0.5472521185874939)]
```

11
単語分散表現

「よさこい」がもっともらしいと出ました。つまり、徳島で有名な踊りが阿波踊りであるとすると、高知ではよさこいが対応するとAIが判断したわけです。

単語がベクトルで表現されている単語分散表現を使うことで、文章やテキストの類似度を、単なる出現頻度を使うよりも精度高く求めることができそうです。たとえば、「徳島で阿波踊りを見学した」「青森で、ねぶた祭を観た」「福岡で、豚骨ラーメンを食べた」という文章に形態素解析を適用し、名詞、形容詞、動詞に限定して抽出してみます。

```
import my_janome_stopwords as jnm
text1 = jnm.tokens('徳島で、阿波踊りを見学した')
print(text1)
text2 = jnm.tokens('青森で、ねぶた祭を観た')
print(text2)
text3 = jnm.tokens('福岡で、豚骨ラーメンを食べた')
print(text3)
```

```
['徳島', '阿波', '踊り', '見学', 'する']
['青森', 'ねぶた', '祭', '観る']
['福岡', '豚', '骨', 'ラーメン', '食べる']
```

それぞれの文章から抽出された形態素は、いずれもが200次元のベクトルで表現されています。これに対して、前章まで扱っていた文書単語行列では、文中の出現回数かそのTF-IDFという単一の数値（スカラー）が用いられていました。しかし、単語分散表現を使うことで、各形態素のベクトルは他の形態素の距離を求めることができるようになります。この距離を意味の近さと考えることができます。

計算のイメージを紹介するため、ある架空の分散表現は5次元であったとします。そして、ある文章が3つの形態素からなっていたとします。この形態素をそれぞれword1、word2、word3とします。

```
import numpy as np
word1 = np.array([1,2,3,4,5])
word2 = np.array([5,4,3,2,1])
word3 = np.array([1,0,2,0,3])
```

この3つの単語分散表現からなる文章を表す数値を1つ求めたいです。最も簡単なのは、これら3つを次元ごとに足し算して、単語数で割ってしまうことです。

```
words = word1 + word2 + word3
words / 3
```

```
array([2.33333333, 2.        , 2.66666667, 2.        , 3.        ])
```

つまり、この3語からなる文章を5次元のベクトルに表現することができました。他の文章についても、同様の方法で5次元のベクトルに変換することができます。すると、それぞれの文章中に出現する形態素の数が異なっていたとしても、いずれも5次元のベクトル2つをコサイン距離で比較することができます。

この方法で、先ほどの日本語文章の近さを求めてみましょう。

文章を単語数にかかわらず、200次元のベクトルに変換するための関数を定義します。

```python
def avg_vec(word_list, model):
    ## 計算結果を蓄積する空のベクトルを用意しておく
    vec_ = np.zeros((200,), dtype='float32')
    for word in word_list:
        vec_ = np.add(vec_, model[word])
    if len(word_list) > 0:
        vec_ = np.divide(vec_, len(word_list))
    return vec_
```

文章を形態素解析をかけて単語リストにした結果を、この関数に適用します。

```python
avg1 = avg_vec(text1, model)
avg2 = avg_vec(text2, model)
avg3 = avg_vec(text3, model)
```

前回と同じ方法でコサイン距離を求めます。

```python
from sklearn.metrics.pairwise import cosine_similarity
cos_sim1 = cosine_similarity(avg1.reshape(1, -1), avg2.reshape(1, -1))
print (f'コサイン類似度: txt1 vs txt2 :{cos_sim1}')
cos_sim2 = cosine_similarity(avg1.reshape(1, -1), avg3.reshape(1, -1))
print (f'コサイン類似度: txt1 vs txt3 :{cos_sim2}')
cos_sim3 = cosine_similarity(avg2.reshape(1, -1), avg3.reshape(1, -1))
print (f'コサイン類似度: txt2 vs txt3 :{cos_sim3}')
```

```
コサイン類似度: txt1 vs txt2 :[[0.5231217]]
コサイン類似度: txt1 vs txt3 :[[0.46388638]]
コサイン類似度: txt2 vs txt3 :[[0.3673437]]
```

テキスト1 ['徳島', '阿波', '踊り', '見学', 'する'] とテキスト2 ['青森', 'ねぶた', '祭', '観る'] が、テキスト3 ['福岡', '豚', '骨', 'ラーメン', '食べる'] よりも似ているという結果になりました。「徳島で、阿波踊りを見学した」と「青森で、ねぶた祭を観た」は、「福岡で、豚骨ラーメンを食べた」よりも類似度が高いと判断されます。

11

単語分散表現

下記で、いくつか言語の演算例を引用しましょう。

```
## スカイツリ - 日本 + フランス
model.most_similar(positive=['スカイツリー', 'フランス'], negative=['日本'])
```

```
[('[エッフェル塔]', 0.5456256866455078),
 ('マドリッド', 0.5358479022979736),
 ('[シャンゼリゼ通り]', 0.49942439794540405),
 ('[トラファルガー広場]', 0.49436208605766296),
 ('[リール_(フランス)]', 0.49335700273513794),
 ('ヴィラ', 0.4929209351539612),
 ('[エトワール凱旋門]', 0.49175509810447693),
 ('[パレ・ロワイヤル]', 0.49152642488479614),
 ('ナポリ', 0.49030327796936035),
 ('シャトー', 0.488348126411438)]
```

```
## ワイン - フランス + 日本
model.most_similar(positive=['ワイン', '日本'], negative=['フランス'])
```

```
[('[日本茶]', 0.6305805444717407),
 ('[泡盛]', 0.6159665584564209),
 ('[日本酒]', 0.5956202149391174),
 ('[清酒]', 0.5938064455986023),
 ('[焼酎]', 0.5927814841270447),
 ('[焼酎]', 0.5906597375869751),
 ('清酒', 0.5873808860778809),
 ('地酒', 0.5791105031967163),
 ('日本酒', 0.5710263848304749),
 ('[納豆]', 0.5674401521682739)]
```

こうした単語分散表現は他にも公開されています。「白ヤギコーポレーション」[3]モデルは、やはり日本語ウィキペディアから学習されています。ただし、gensimの最新バージョンでは利用できません。gensim 3.8をインストールしてください（ `pip install gensim==3.8.3` ）。サイトからモデルをダウンロードし、次のようにすることで利用できます。また、読み込みに使うメソッドが、先の東北大学のモデルを読み込む場合とは異なることに注意してください。

```
from gensim.models.word2vec import Word2Vec
model_path = 'word2vec.gensim.model'
model = Word2Vec.load(model_path)
```

[3] : https://aial.shiroyagi.co.jp/2017/02/japanese-word2vec-model-builder/

CHAPTER 12

huggingface-transformers（BERT）

　本書の最後に、最近の自然言語処理技術を利用するためのフレームワークであるTransformerを紹介します。また、Transformerで利用する言語モデルとしてBERTを取り上げます。

ディープラーニングと自然言語処理

　現在は第三次AIブームといわれていますが、そのブレークスルーとなった技術はディープラーニングです。自然言語処理との関連でいうと、ディープラーニングは、日本語を入力として与え、英語の翻訳文を出力としてえるシステムなどで使われています。ここで入力から出力の間には、適切な翻訳が得られるための機構があります。これは、ニューラルネットワークという技術です。人間の脳には数多くの神経細胞があります。ニューロンは多数が集まって回路を構成しており、他のニューロンからの入力信号を別のニューロンへの出力信号に変える役割を果たしています。人間の脳の情報処理は、ニューロンの接続による電気信号のやり取りとして行われています。

　ニューラルネットは、これを模したシステムで、1950年代に考案されたパーセプトロンは、人間が行うパターン認識を実現できる機構として期待されました。単純なパーセプトロンの処理はきわめて簡単で、たとえば、入力信号が2つあったとします。これをx_1, x_2とします。このそれぞれに重みw_1, w_2を乗じ、さらにバイアスと呼ばれるbを加算し値をaとします（$a = w_1x_1 + w_2x_2 + b$）。この値が、たとえば0以下であれば0を出力し、0を超えているのであれば1を出力します。

　ニューラルネット（パーセプトロン）は1960年代に人工知能の実現技術として期待され、ブームとなりましたが、その後、原理的にシンプルな問題（線形分離問題）しか解けないことが証明され、ブームは下火になりました。ところが1986年に、誤差逆伝播方が開発されました。これは、簡単にいうと、パーセプトロンの入力と出力の間にさらに中間層を導入した方法で、マルチレイヤーパーセプトロンとも呼ばれます。これにより、線形分離でない問題にも理論的に対応できるようになりました。しかし、マルチレイヤーパーセプトロンが機能するためには、大量のデータとこれを処理できる環境が必要でしたが、この当時はインフラが整っておらず、ニューラルネットが実用化されることはありませんでした。

　現代は、ビッグデータをコンピュータで処理できる環境が整いニューラルネットを実際に動かすことができるようになり、さらにニューラルネットを多層にすることが可能になりました。これがディープラーニングです。

　ディープラーニングは物体判別（画像認識）の分野で、それまでの機械学習による成績を大幅に向上させたことで広く注目を浴びました。一方、ディープラーニングを言語処理の課題に適用するという試みも盛んに行われてきました。言葉をディープラーニングに与える上で重要なのは、単語の順番です。文章は単語からなりますが、その並びが変わると意味が大きく変わる可能性があります。「犬が猫を追う」と「猫が犬を追う」では意味は異なります。このため、RNN（リカレントニューラルネットワーク）というモデルが使われてきましたが、語順を記憶したまま処理を行うというのは非常に困難でした。

　ここに2017年にGoogleとトロント大学の研究者らによってTransformer（フレームワークとしての技術の名称です）が公開されました。Transfomerでも語順は考慮されますが、RNNとは異なり、単語の並びを塊として学習するのではなく、文章中の単語の順番を、単語そのものとは別のデータとして学習する仕組みによってRNNよりはるかも効率的に文を処理することができるようになっています。

　なお、ややこしいのですが、ここでいうTransformerはニューラル言語モデルの実装のことで、この後で取り上げるtransformers（複数形）はHuggingface社が提供するPythonライブラリのことを意味します。後者のライブラリは、Googleによるニューラル言語モデルであるTransformerに基づく多数の言語モデルをPythonで実行するためのモジュールを集めたものと理解してよいでしょう。

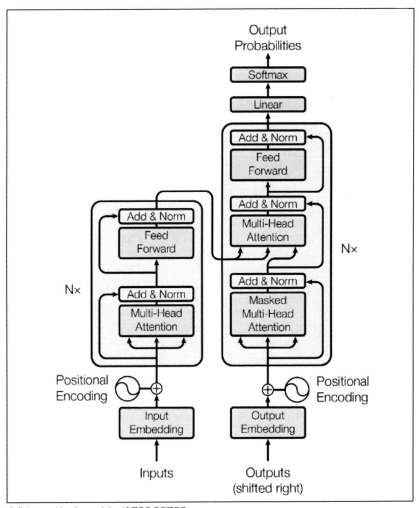

出典:https://arxiv.org/abs/1706.03762

　Transformerにより、大量の入力データを学習することが可能になり、またデータが増えるほどに、精度の高い出力がえられます。また、Transformerで重要な仕組みに**attention**があります。

　たとえば、「The agreement on the European Economic Area was signed in August 1992.」(1992年8月、欧州経済領域に関する協定が締結された。)という英語をフランス語に翻訳するとします。英語の「the European Economic Area」は、フランス語では「la zone économique européenne」となりますが、フランス語では英語と異なり形容詞が名詞に後ろに置かれる上、名詞と形容詞に「性」があって、これを一致させる必要があります。この例では「la zone(the area)」にかかる形容詞「économique」と「européenne」が女性形になります。つまり、フランス語の訳で形容詞を選択する場合、その前後の単語の性などの情報にも「注目」する必要があります。これがattentionです(最初のころはRnnsearchといわれていました)。

　attentionは、さらに「意味の理解」にも貢献する仕組みになっています。bankは「銀行」という意味に加え、(川の)「土手」を指すことがあります。attetnionは、たとえば「the near bank of a river」という英文では、「river」に注目することで、「deposit money in a bank」という文脈の「bank」とは異なる「意味」であると判断します。

　このようにTransfomerはディープラーニング技術に基づく最先端の自然言語処理AIですが、ここからBERT(Bidirectional Encoder Representations from Transformers)やT5(the Text-To-Text Transfer Transformer)などのニューラル言語モデルが開発されています。Transformerに基づくBERTやT5のニューラル言語モデルによる学習は、それ以前のRNNやLTSMというニューラルネットワークに比べて、計算効率が向上していますが、それでも、大量のコーパスをもとに学習を行うのは非常に時間とコストがかかります。一般のユーザーのパソコンで、大規模コーパスを学習するのは非現実的でしょう。幸いなことに、Wikipeadiaなどをコーパスとして学習したBERTやT5のモデルがインターネット上に公開されており、場合によっては自由に利用することができます(ただし、ダウンロードまた利用にあたってはライセンスを確認してください)。

　こうした公開モデルは、Wikipeadia など汎用性の高い文書集合(コーパス)をベースに学習が行われています。後で試してみますが、この学習結果だけでも十分実用的です。しかし、自然言語処理分野では、たとえば特許資料を分類する、あるいは病院カルテの記録をもとに治療の継続の有無を判断するなど、比較的限定された分野(これをドメインといいます)での応用を志向していることが多くなります。このため、公開されているBERTなどの学習結果を、ドメインに特化したデータを使って再訓練するのが一般的です。逆にいえば、BERTなど汎用的な言語モデルが公開されたことで、いちから言語モデルを構築する(これを**事前学習**と呼びます)必要性は薄れ、短期間かつ効率的にドメインに特化した応用を実現できることになります。これを**転移学習**や**ファインチューニング**といいます。

　BERTなどの事前学習されたモデルに追加の学習を行った上で、自身の課題に適用するのが、現時点における自然言語処理のベストプラクティスといえます。とはいえ、これを自身ですべてコーディングするのは大変です。幸い、PyTorchというライブラリを使うことで、ニューラルネットワークのモデルの構築を短いコードを実現できます。

　さらには、BERTなどの学習モデルを使いやすくしたツールとしてHugging Face社からhuggingface-transformers[1]というPythonライブラリが公開されています。

　本書の最後に、以降でhuggingface-transoformers（BERT）を利用したテキスト処理の技法を紹介しましょう（GiNZAを紹介した章で述べたように、GiNZAでTransformerに基づく学習モデルを読み込むという方法もあります）。

　なお、huggingface-transoformersはいまなお開発が進行中のライブラリであり、バージョンが上がると仕様も変更される傾向にあります。本書で紹介するコードは **transformers＝4.12.0** での実行結果です。 **pip install transformers＝4.12.0** としてインストールした場合は本書で紹介するコードは実行できるはずですが、バージョンを指定せずにインストールすると、その時点での最新のhuggingface-transformersが導入され、その結果、本書で紹介するコードが動かない可能性があります。

　ところで、ディープラーニングは計算量が多いため、標準的なパソコンでは処理に非常に時間がかかることがあります。そこでパソコンにグラフィックボードという画像処理のハードウェア（**GPU**）を追加することで、処理の多くをGPUに分散させ、負荷の軽減と高速化をはかることができます。GPUそのものはビデオゲームなどの画像処理を行うための機器ですが、NVIDIA社が自社製品用に開発公開しているドライバを導入することで、ディープラーニングを実行することができるようになります。

　とはいえ、GPUの導入とドライバのインストールは簡単ではありません。幸い、自身のパソコンにGPUがない場合でも、huggingface-transformersを試す方法があります。Google Collabaratory[2]という無償のWebサービスを使うことです（以下、Colabと表記します）。Colabは、ここまで利用してきたJupyter（Jupyter Labo）とほぼ同じ感覚で利用することができます。また、Web上で作成したノートブックは、ダウンロードして自身のパソコン上のJupyterに読み込ませて使うこともできます（その逆も可能です）。

　Google Coraboratory での作業方法については、巻末の付録の付録にも記していますが、ここでも改めて解説いたします。

　まず「ファイル」から「新規ノートブック」を開きます。左上のタイトルを適当に変更します。次にメニューの「ランタイム」から「ランタイムのタイプを変更」をGPUに変更します。その際、「このノートブックを保持する際にコードセルの出力を除外する」をONにしておきましょう。ただし、時間帯によっては次のように、Google側にGPUの空きがなく、利用を拒否される場合があります。この場合は、ユーザー側ではどうしようもありません。Google側でGPUに空きが出るのを待つよりほかありません。

[1]：https://huggingface.co/docs/tokenizers/python/latest/
[2]：https://colab.research.google.com/

バックエンドを割り当てられませんでした

GPU を使用するバックエンドは利用できません。アクセラレータなしでランタイムを使用しますか？
詳細

キャンセル　　接続

　GPUの利用が可能になったら、作業結果を保存するためにGoogle Driveをマウント
します。左に表示されているフォルダアイコンをクリックし、その右上にあるGoogle Drive
アイコンをクリックします。Googleへのログインを求められ、パスワードやパスコードの入力
を求められます。これらの手順がクリアされれば、左に「drive」というアイコンが表示され
ます。以降、Colab 上では **/content/drive/MyDrive** というパスが保存先となり
ます。さらにMeCabのインストールも必要です。行頭にある **!** は、Colabのシステム上の
処理をセル内で実行する方法です。セル内でShiftキーを押しながらEnterキーを押す
と入力されたコードが実行されます。

```
## Google Colaboratory における Mecabのインストール
!apt install mecab libmecab-dev mecab-ipadic-utf8
!pip install mecab-python3
!pip install fugashi ipadic
```

　Colabには、transformersでの作業に必要なライブラリの多くがすでにインストールさ
れていますが、追加でhuggingface-transformersをインストールします。
　Colabのセルで次のように入力してインストールします。ここで指定しているバージョン
は筆者が執筆中に利用していた環境ですが、これ以外のバージョンでの動作は確認し
ていません。

```
!pip install transformers==4.12.0
```

　なお、Colabではなく自身のマシンで実行する場合はtorch（PyTorch）もインストール
してください。
　筆者がColab上で作業したファイルをGoogle Colabに公開していますので、そのURL
をサポートサイトで確認してください。

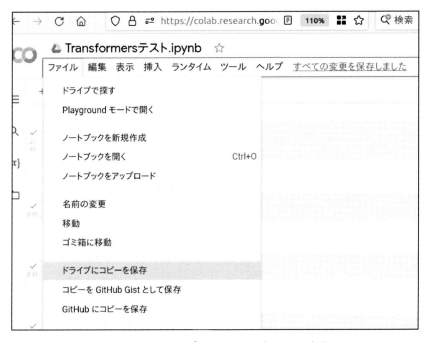

このノートブックを自身のドライブにコピーした上で、試してみてください。

transformersによるトークン化

transformersで日本語を扱うには、日本語トークンに基づく事前学習モデルを導入する必要があります。

transformersでは東北大学の自然言語処理研究室が開発したモデルを利用することできます。このモデルは、日本語ウィキペディアをデータとして学習されたモデルになります。ここでは「bert-base-japanese-whole-word-masking」を利用しますが、2021年により大きなモデル「bert-large-japanese」が公開されています。ただし、大きなモデルを使う場合、GPUのメモリが足りず、「RuntimeError: CUDA error: out of memory」というエラーで作業が進まなくなることがあるので、注意してください。ちなみに、東北大学モデルをtransformersで利用するには、モデルの名前の前に「cl-tohoku/」を付記します。

なお、`AutoTokenizer` モジュールは、指定されたモデルのトークナイザーに適切な設定を行ってくれます。

```
import torch
tokens = tokenizer.convert_ids_to_tokens(ids)
## 単語IDを確認
print(ids)
## 対応するトークン(形態素、文字など)を確認
print(tokens)
```

```
tensor([    2,  5233,     5,  1757,  1882,  2762,     5,  5770,     9, 14872,
          422,  1581,    75,     8,     3])
['[CLS]', '最近', 'の', '自然', '言語', '処理', 'の', '主流', 'は', 'ディープ',
'##ラー', '##ニング', 'だ', '。', '[SEP]']
```

ここで定義したトークナイザーを使って日本語文章をトークンに分割します。なお、ここで**トークン**とは、これまで紹介してきた形態素とは異なる概念となります。

`##` で始まる出力があります。「ディープラーニング」が「ディープ」「##ラー」「##ニング」と3つに分割されています。

言葉は既存の形態素をつなぎ合わせて造語を作成します。たとえば、「ディープラーニング」が1語であると見なされるのであれば、これを辞書に登録する必要があります。しかし、造語あるいは新語は常に生まれているため、これらを辞書に追加していく作業はキリがありません。また、造語は個人がある程度自由に作り出すことができます。

自然言語処理において、辞書に掲載されていない形態素は分割されるか、あるいは「未知語」と判断されることになります。すると、実際のテキストには相当数の未知語が出現することが予想されます。

　未知語をより細かく分割していけば文字にいきつきます。文字種の数には限りがありますので、文字1つをトークンであると見なせば、未知語も既知の「トークン」で構成されていることになります。

　形態素をさらに分割した要素を**サブワード**と呼びます。最近の自然言語処理では、文章（あるいは形態素）はサブワードに分割されることが多いです。これにはWordPieceという技術が使われます。 `##` で始まるサブワードは、何らかのトークンに接続されることを表しています。

単語ID

トークン化について説明しましたが、単語はそのままで処理されるわけではありません。内部でトークンには一意のID（番号）が割り当てられ、それが入力となります。

```
print(tokenizer('彼は蕎麦を食べた。'))
```

```
{'input_ids': [2, 306, 9, 26724, 11, 2949, 10, 8, 3], 'token_type_ids': [0,
0, 0, 0, 0, 0, 0, 0, 0], 'attention_mask': [1, 1, 1, 1, 1, 1, 1, 1, 1]}
```

出力の最初にある **input_ids** がトークンのIDです。ちなみに2は文の開始を、また3は文の終わりを表すIDで、それぞれ **[CLS]** と **[SEP]** というトークンが割り当てられています。

token_type_ids は文章のIDであり、この例では文章が1つだけなので0となっています。 **attention_mask** は有効なトークンであるかどうかの識別するための符号です。

仮に入力トークン数の最大数512と決め打ちされている場合、（この例では）最初の9個が有効なトークンで、残りは無効（トークンがない）ことを表します。無効トークンは **0**（**[PAD]**）と表されます。逆に入力トークンが512を超える場合は切り捨てられます。

トークン穴埋め問題

　transformersを使って文章をトークンに分割できるようになりました。次に、分割した結果を言語モデルに適用してみましょう。Transfomer モデルでは、コーパスから言語モデルが学習されています。文章中のトークンの一部をランダムに選んで「空白」とし、その位置に適切なトークンを予測することで学習が行われます。

　そこで文章中のトークンを一部削除し、その空白を埋める適切なトークンを予測してみましょう。

　なお、transformersでは、空白を推定するタスクを行うのに **AutoModelForMaskedLM** クラスに、言語ごとに用意されたモデルをアタッチします。以前は言語モデルごとにクラス名が異なってました。

　たとえば、BERTで日本語モデルを指定するという意味で、**BertForMaskedLM** クラスで日本語モデルを読み込んでいました。現在は言語モデルから適切な設定を行う **AutoModelForMaskedLM** で一本化されています。

```
from transformers import AutoConfig, AutoModelForMaskedLM
masked_model = AutoModelForMaskedLM.from_pretrained(japanese_model)
## CPUを利用しているのであれば、GPUのメモリを使う
masked_model = masked_model.cuda()
```

```
Some weights of the model checkpoint at cl-tohoku/bert-base-japanese-whole-word-
masking were not used when initializing BertForMaskedLM: ['cls.seq_relationship.
weight', 'cls.seq_relationship.bias']
- This IS expected if you are initializing BertForMaskedLM from the checkpoint
of a model trained on another task or with another architecture (e.g.
initializing a BertForSequenceClassification model from a BertForPreTraining
model).
- This IS NOT expected if you are initializing BertForMaskedLM from the
checkpoint of a model that you expect to be exactly identical (initializing a
BertForSequenceClassification model from a BertForSequenceClassification model).
```

　空白は **[MASK]** として表します。

```
text = '今日は[MASK]で勉強した。'
tokens = tokenizer.tokenize(text)
print(tokens)
```

```
['今日', 'は', '[MASK]', 'で', '勉強', 'し', 'た', '。']
```

トークン列を符号化して、モデルへの入力とします。なお、モデルへの適用で **torch. no_grad()** を利用しています。これはモデルへの当てはめの途中経過を保存しないことを指定しています。ここでは **[MASK]** に割り当てられる結果だけに関心があり、途中経過を保存して確認する必要がないからです。

```
encoded_text = tokenizer.encode(text, return_tensors='pt')
encoded_text = encoded_text.cuda()
with torch.no_grad():
    output = masked_model(input_ids=encoded_text)
    scores = output.logits
```

出力の **scores** は3次元の配列になっています。

```
print(f'socresのサイズ :{scores.size()}')
```

```
socresのサイズ :torch.Size([1, 10, 32000])
```

```
print(f'各トークンのID:{encoded_text[0].tolist()}')
```

```
各トークンのID:[2, 3246, 9, 4, 12, 8192, 15, 10, 8, 3]
```

torchのサイズで1というのはバッチサイズで、一度に処理される文章の数ですが、ここでは1文しか与えていません。10はトークンのサイズです。 **[CLS]** や **[SEP]** が暗黙のうちに含まれています。そして32000というのは、ここで利用している日本語モデル全体での語彙数です。 **scores** には、この32000語のすべてについて、与えられた文章中の **[MASK]** の位置を埋めるのに適切な度合いが求められています。この値が最も大きいトークンを調べてみましょう。

[MASK] にはIDとして4番が割り当てられています。そこで、この位置に該当する配列を取り出し、最も値が大きい(可能性の高い)要素を取り出してみます。

```
mask_position = encoded_text[0].tolist().index(4)
best_id = scores[0, mask_position].argmax(-1).item()
print(f'ID＝{best_id}')
best_token = tokenizer.convert_ids_to_tokens(best_id)
print(f'トークン={best_token}')
```

```
ID＝396
トークン=大学
```

最も値が大きいトークンのIDは396でトークンに置き換えると「大学」になります。
上位10のトークンを見てみましょう。

```
topK = scores[0, mask_position].topk(10)
print(topK.indices)
tokens  = tokenizer.convert_ids_to_tokens(topK.indices)
print(tokens)
```

```
tensor([  396,  1411,  1724,    286, 18949,  1221,  4441,    723,  2184,  1193],
        device='cuda:0')
['大学', 'ここ', 'ニューヨーク', 'アメリカ', 'コロンビア大学', 'そこ', 'ロサ
ンゼルス', 'イギリス', 'パリ', '高校']
```

　いずれも、[MASK] を埋めるトークンになりうる候補になっています。ただし、我々の感覚からいうと、海外の地名よりは、「図書館」などの身近な機関が選ばれた方が適切だったでしょうか。

▐▌▌ pipeline

　huggingface-transformersには自然言語処理でよく行われる処理について、学習済みモデルを簡単に適用できる**pipeline**という仕組みがあります[3]。下記に一例を挙げます。

- 文章穴埋め('fill-mask')
- 感情分析('sentiment-analysis')
- テキスト分類('text-classification')
- 固有表現抽出('ner')
- 質問応答('question-answeri')
- 文章要約('summarization')
- 翻訳('translation')

　pipelineでは、それぞれの課題ごとにモジュールのセットが用意されており、これをロードすることで分析が可能になります。前節で紹介した文章穴埋めをpipelineで試してみましょう。

```
from transformers import pipeline
unmasker = pipeline('fill-mask', model=japanese_model, tokenizer=tokenizer)
print(unmasker('今日は[MASK]で勉強した。'))
```

[3]：https://huggingface.co/docs/transformers/main_classes/pipelines

Some weights of the model checkpoint at cl-tohoku/bert-base-japanese-whole-word-masking were not used when initializing BertForMaskedLM: ['cls.seq_relationship.weight', 'cls.seq_relationship.bias']
- This IS expected if you are initializing BertForMaskedLM from the checkpoint of a model trained on another task or with another architecture (e.g. initializing a BertForSequenceClassification model from a BertForPreTraining model).
- This IS NOT expected if you are initializing BertForMaskedLM from the checkpoint of a model that you expect to be exactly identical (initializing a BertForSequenceClassification model from a BertForSequenceClassification model).

[{'sequence': '今日 は 大学 で 勉強 し た 。', 'score': 0.06624536216259003, 'token': 396, 'token_str': '大 学'}, {'sequence': '今日 は ここ で 勉強 し た 。', 'score': 0.03463226929306984, 'token': 1411, 'token_str': ' こ こ'}, {'sequence': '今日 は ニューヨーク で 勉強 し た 。', 'score': 0.032337456941604614, 'token': 1724, 'token_str': 'ニ ュ ー ヨ ー ク'}, {'sequence': '今日 は アメリカ で 勉強 し た 。', 'score': 0.027580933645367622, 'token': 286, 'token_str': 'ア メ リ カ'}, {'sequence': '今日 は コロンビア大学 で 勉強 し た 。', 'score': 0.022066786885261536, 'token': 18949, 'token_str': ' コ ロ ン ビ ア 大 学'}]

huggingface transformersによる
テキスト分類

transformersで文脈にふさわしい単語を推定できることが確認できたと思います。ここでテキストの分類、あるいはジャンル判定を行ってみます。

このタスクのクラス名は **AutoModelForSequenceClassification** となります。

ここでジャンル判定の応用として、文章の内容がネガティブなのかポジティブなのか判定する**センチメント分析**を試してみましょう。日本語センチメント分析のモデルとして、**daigo/bert-base-japanese-sentiment** をロードします。

```
from transformers import AutoModelForSequenceClassification, pipeline
## 日本語感情分析用のモデルをロードする
sentiment_model = AutoModelForSequenceClassification.from_pretrained ('daigo/
bert-base-japanese-sentiment')
sentiment_analyzer = pipeline("sentiment-analysis", model=sentiment_model,
tokenizer=tokenizer)
print(sentiment_analyzer('ロシアとウクライナの戦争はまだ終わらない。'))
```

```
[{'label': 'ネガティブ', 'score': 0.7547961473464966}]
```

ここで与えて文章は約75パーセントの確率でネガティブな内容であると判定されました。

デフォルトで用意されている日本語モデルを使うことでも、分析タスクをある程度こなすことが可能ですが、transformersに用意されている言語モデルに、読者が設定した課題に関連するテキスト集合(コーパス)の情報を追加して分析したほうが、精度の向上が期待できます。ディープラーニングにおいては、既存の学習モデルに別のデータの情報を追加する、あるいは既存のモデルに別データを加えて再学習することがよく行われます。これには**転移学習**と**ファインチューニング**(さらに蒸留)という方法があります。簡単に説明すると、転移学習ではもとのモデルの学習内容に新しいデータの情報を付け足すのに対して、ファインチューニングでは新しいデータを使って、もとのモデルの学習内容そのものも変更することを指すようですが、特に区別せずに使われている場合もあります。

ここではテキストをジャンルごとに分類を行うための学習済みモデルを、新たに用意したテキストデータセットでファインチューニングする方法を紹介しましょう

まず分析対象とするテキストデータセットを用意します。ここでは、自然言語処理でベンチマークとしてよく利用されるLivedoorニュースコーパスを利用させてもらいます[4]。株式会社ロンウイットのサイトから **ldcc-20140209.tar.gz** というファイルをダウンロードします。

---

[4] : https://www.rondhuit.com/download.html#ldcc

下記ではPythonの関数を使ってダウンロードと解凍を行っています。

```
## データセットのダウンロード
!wget https://www.rondhuit.com/download/ldcc-20140209.tar.gz
!tar xvzf ldcc-20140209.tar.gz
from urllib import request
request.urlretrieve("https://www.rondhuit.com/download/ldcc-20140209.tar.gz",
"ldcc-20140209.tar.gz")
## 解凍
import tarfile
with tarfile.open('ldcc-20140209.tar.gz', 'r:gz') as t:
    t.extractall(path='.')
```

なお、Google Colaboratoryを利用している場合は、保存用のフォルダ（ディレクトリ）を用意します。

```
## Google Colaboratory で作業する場合
from google.colab import drive
drive.mount('/content/drive')
!mkdir -p /content/drive/MyDrive
## 作業フォルダを移動
%cd /content/drive/MyDrive
!pwd
```

ちなみに、ダウンロードしたファイルを解凍すると、作業フォルダ（ディレクトリ）に **text** というフォルダが作成されます。作業フォルダは次のようにして確認できます。

```
import os
print(os.getcwd())
```

```
/mnt/myData/GitHub/textmining_python/textmining/docs
```

作業フォルダ **text** には10個のサブフォルダが含まれています。サブフォルダ名を確認してみましょう。

なお、次のコードは、筆者の作業環境でファイルを読み込む例を示しています。ここでは、筆者の作業フォルダの1つ上の階層に **livedoor** というフォルダがあり、その下に **text** フォルダがある場合を想定しています。 **../livedoor/text** が分析対象であるテキスト群の含まれるフォルダの位置を相対的に指定する方法になります。

作業フォルダにいま作成された **text** フォルダが含まれているのであれば **./text** と指定します。

```
## サブフォルダを確認
categories = [name for name in os.listdir("../livedoor/text") if os.path.
isdir("../livedoor/text/" + name)]
print(categories)
```

```
['smax', 'kaden-channel', 'it-life-hack', 'dokujo-tsushin', 'livedoor-homme',
'sports-watch', 'movie-enter', 'peachy', 'text', 'topic-news']
```

Google Colaboratoryに上の手順でlivedoorテキストをダウンロードした場合、直下に **text** フォルダがあるので、次のようになります。

```
import os
categories = [name for name in os.listdir("text") if os.path.isdir("text/" +
name)]
print(categories)
```

Livedoorファイルには10種類のジャンルのファイルがあります。ここではタスクをよりシンプルにするため対象ジャンルを **it-life-hack** 、**dokujo-tsushin** に限定します。

それぞれのジャンルのフォルダからニュース本文を読み取ります。これらを加工しやすいよう、データフレームにまとめます。データフレームでは本文とカテゴリ（保存されているサブフォルダの名前）を対にして登録します。なお、適当にテキストファイルを1つ開いてみるとわかりますが、本文は3行目から以降になりますので、読み込んだ行の3行目以降だけをデータフレームには保存します。

```
from glob import glob
import pandas as pd
categories = ['it-life-hack', 'dokujo-tsushin']
datasets = pd.DataFrame(columns=["sentences", "labels"])
for label, cat in enumerate(categories):
    for file in glob(f'../livedoor/text/{cat}/{cat}*'):
        ## Google Colaboratory の場合は file in glob(f'text/{cat}/{cat}*'):
        ## と変更
        lines = open(file).read().splitlines()
        body = '\n'.join(lines[3:])
        sentences = pd.Series([body, cat], index=datasets.columns)
        datasets = datasets.append(sentences, ignore_index=True)

datasets.head()
```

	sentences	labels
0	以前は株式や国債などの市場動向をチェックするには証券会社の店頭に足を運ぶか、専門誌や専門テレ...	it-life-hack
1	Androidは端末が将来OSのアップデートに対応するかどうかは、最新の環境で使いたい場合に...	it-life-hack
2	先日の記事「ある日突然犯罪者扱いに？　無許可ダウンロードの罰則化が引き起こす問題」で動きがあ...	it-life-hack
3	ソフトバンクグループの代表 孫正義氏は、Twitterを通じて活発な発言をしている。そんな同...	it-life-hack
4	Wordでは、縦スクロールバーの下にジャンプボタンが用意されている。ポンと押すだけで次のペー...	it-life-hack

テキストのジャンルを表す文字列を数値に変えます。it-life-hackには0を、dokujo-tsushinには1を対応させます。この対応を辞書として用意し **map()** でlables列に一括適用します。

```
cat_id = dict(zip(categories, list(range(len(categories)))))
print(cat_id)
datasets['labels'] = datasets['labels'].map(cat_id)
```

```
{'it-life-hack': 0, 'dokujo-tsushin': 1}
```

```
print(datasets['labels'])
```

```
0       0
1       0
2       0
3       0
4       0
       ..
1735    1
1736    1
1737    1
1738    1
1739    1
Name: labels, Length: 1740, dtype: int64
```

さて、transformersを使ってトークンに分割します。Google Colaboratoryでは **!pip install fugashi transformers==4.12.0** を実行してインストールしておく必要があります。

ここで日本語をトークンに分割するモジュールと、学習済みモデルを用意します。下記を実行すると、学習済みモデルが自動的にダウンロードされます。なお、メモリ搭載量に余裕のあるGPUを備えたパソコンを利用している場合は、学習済みモデルを **cl-tohoku/bert-large-japanese** に置き換えてみてもよいでしょう。

12

huggingface-transformers(BERT)

```python
import torch
from transformers import AutoTokenizer
japanese_model = 'cl-tohoku/bert-base-japanese-whole-word-masking'# 'cl-
tohoku/bert-large-japanese' # '
tokenizer = AutoTokenizer.from_pretrained(japanese_model)
```

　ここで用意したデータフレームを、訓練用とテスト用に分割します。labelsの水準割合が適切に分けられるようにするにはscikit-learnの **train_test_split()** がよく用いられますが、下記ではもとのデータフレームの行indexを利用して、ランダムに分割してみます。

```python
import random
random.seed(0)
## ラベル別にindexを取得
label0 = datasets.query('labels==0').index
label1 = datasets.query('labels==1').index
## それぞれから500行を取り出して訓練データとする
rnd0 = random.sample(list(label0), 500)
rnd1 = random.sample(list(label1), 500)
idx = rnd0 + rnd1
train_data = datasets.iloc[idx]
## 残りをテストデータとする
test_data = datasets.drop(index=idx)

## 冒頭の2行を確認
train_data.iloc[:2,:]
```

	sentences	labels
864	ターガスと言えば、PC関連、特にノートPCを収納しつつ機能性に富むビジネスバッグの定番と言え…	0
394	販促イベントや催事、展示即売会、運動会や体育祭、文化祭、音楽祭といった行事で統一感を出したい…	0

　次に、それぞれのデータをhuggingface transformersの **Trainer** クラスに適用できるように加工します。この際、最大文長 **max_length** を指定します。これは、テキストデータ中の最も長い文章に合わせるか、あるいは適当な値を指定します。このサイズを超えた文章は切り詰められ、このサイズに満たない文章の場合、サイズを満たすまで **[PAD]** が割り当てられます。ラベルについてもtensorに変換しておきます。

```python
device = torch.device("cuda:0" if torch.cuda.is_available() else "cpu")
train_encodings = tokenizer(train_data['sentences'].tolist(),
                            return_tensors='pt',
                            padding=True, truncation=True,
                            max_length=128).to(device)
```

12

huggingface-transformers（BERT）

283

```
test_encodings = tokenizer(test_data['sentences'].tolist(),
                            return_tensors='pt',
                            padding=True, truncation=True, max_length=128).
to(device)
train_labels = torch.tensor(train_data['labels'].tolist())
test_labels =  torch.tensor(test_data['labels'].tolist())
```

　さて、これを **Dataset** というクラスのオブジェクトに変換します。このために、クラスを独自に定義します。詳細は省きますが、Pytorchの **Dataset** というクラスのひな形をもとに、データを1つひとつ取り出すのが容易になるよう、データを変換する仕組みです。

```
class LiveDoor_Dataset(torch.utils.data.Dataset):
    def __init__(self, encodings, labels):
        self.encodings = encodings
        self.labels = labels

    def __getitem__(self, idx):
        item = {key: torch.tensor(val[idx]) for key, val in self.encodings.
items()}
        item['labels'] = self.labels[idx]
        return item

    def __len__(self):
        return len(self.labels)

## 実際にデータを変換する
train_dataset = LiveDoor_Dataset(train_encodings, train_labels)
test_dataset = LiveDoor_Dataset(test_encodings, test_labels)
```

　huggingface-transformersを使って学習済みモデルを読み込みます。分類を目的とした **AutoModelForSequenceClassification** を利用します。

```
from transformers import AutoModelForSequenceClassification
model = AutoModelForSequenceClassification.from_pretrained(
    japanese_model,
    num_labels = 2,
    output_attentions = False,
    output_hidden_states = False
)

## モデルをGPUに載せる
if torch.cuda.is_available():
    model.cuda()
```

12

```
loading configuration file https://huggingface.co/cl-tohoku/bert-base-
japanese-whole-word-masking/resolve/main/config.json from cache at /home/
ishida/.cache/huggingface/transformers/573af37b6c39d672f2df687c06ad7d556476
cbe43e5bf7771097187c45a3e7bf.abeb707b5d79387dd462e8bfb724637d856e98434b6931
c769b8716c6f287258
Model config BertConfig {
  "architectures": [
    "BertForMaskedLM"
  ],
  "attention_probs_dropout_prob": 0.1,
  "classifier_dropout": null,
  "hidden_act": "gelu",
  "hidden_dropout_prob": 0.1,
  "hidden_size": 768,
  "initializer_range": 0.02,
  "intermediate_size": 3072,
  "layer_norm_eps": 1e-12,
  "max_position_embeddings": 512,
  "model_type": "bert",
  "num_attention_heads": 12,
  "num_hidden_layers": 12,
  "pad_token_id": 0,
  "position_embedding_type": "absolute",
  "tokenizer_class": "BertJapaneseTokenizer",
  "transformers_version": "4.12.5",
  "type_vocab_size": 2,
  "use_cache": true,
  "vocab_size": 32000
}


loading weights file https://huggingface.co/cl-tohoku/bert-base-japanese-
whole-word-masking/resolve/main/pytorch_model.bin from cache at /home/
ishida/.cache/huggingface/transformers/cabd9bbd81093f4c494a02e34eb57e405b75
64db216404108c8e8caf10ede4fa.464b54997e35e3cc3223ba6d7f0abdaeb7be5b7648f275
f57d839ee0f95611fb
Some weights of the model checkpoint at cl-tohoku/bert-base-japanese-whole-
word-masking were not used when initializing BertForSequenceClassification:
['cls.predictions.bias', 'cls.predictions.decoder.weight', 'cls.
predictions.transform.LayerNorm.weight', 'cls.seq_relationship.bias', 'cls.
predictions.transform.dense.weight', 'cls.predictions.transform.LayerNorm.
bias', 'cls.seq_relationship.weight', 'cls.predictions.transform.dense.
bias']
- This IS expected if you are initializing BertForSequenceClassification
```

12

huggingface-transformers(BERT)

```
from the checkpoint of a model trained on another task or with another
architecture (e.g. initializing a BertForSequenceClassification model from
a BertForPreTraining model).
- This IS NOT expected if you are initializing BertForSequenceClassification
from the checkpoint of a model that you expect to be exactly
identical (initializing a BertForSequenceClassification model from a
BertForSequenceClassification model).
Some weights of BertForSequenceClassification were not initialized from the
model checkpoint at cl-tohoku/bert-base-japanese-whole-word-masking and are
newly initialized: ['classifier.bias', 'classifier.weight']
You should probably TRAIN this model on a down-stream task to be able to
use it for predictions and inference.
```

　TrainingArguments クラスに学習の精度を評価するメソッドを指定するために定義をしておきます。**評価指標**とは、機械学習やディープラーニングにおいては、予測値あるいは分類の精度を検討するための基準のことです。ここでのタスクは分類（テキストジャンルの推定）なので、分類課題でよく使われる指標を紹介します。下記の4つが主な指標です。

- 正解率（Accuracy）
- 精度（Precision）
- 検出率（Recall）
- F値（F-measure、F-score、F1 Score）

これらを理解するには**混同行列**を知っておく必要があります。
　いま、メールについてそれがスパムかどうかを判定する課題があったとします。ここに10件のメールがあり、それぞれの文章を機械学習で学習させ、予測を行ったところ次のような結果になりました。

メール番号	スパムか否か	予測結果
メール1	0	0
メール2	0	1
メール3	0	0
メール4	0	0
メール5	1	1
メール6	0	0
メール7	1	1
メール8	1	1
メール9	0	0
メール10	1	1

　ちなみにスパムに該当する、あるいはスパムと判定されたメールは1と記録されています。該当するケースを**陽性**、また該当しない場合を**陰性**と表現することもあります。

　この結果から、実際にスパムであるメールが正しくスパムと判定されているか、あるい
はスパムではないメールが誤ってスパムと判定されているかを集計した表を混同行列と
いいます。

　実際にPythonで求めてみましょう。

```
from sklearn.metrics import confusion_matrix
true_label = [0, 0, 0, 1, 0, 1, 1, 0, 1, 0]
pred_label = [0, 0, 0, 1, 0, 1, 1, 1, 0, 1]
cm = confusion_matrix(true_label, pred_label)
print(cm)
```

```
[[4 2]
 [1 3]]
```

　具体的には次のような表になります。

実際	判定結果	
	スパム(1)と判定	スパム(0)と判定
スパム(1)	4	2
非スパム(0)	1	3

　さて、混同行列では、各セルが次の評価に対応します。

実際	判定結果	
	陽性	陰性
陽性	TP 真陽性	FN 偽陰性
陰性	FP 偽陽性	TF 真陰性

- TP(True-Positive) 真陽性
  - 本当は陽性(スパム)であるメールを、正しく陽性と判定
- TN(True-Negative) 真陰性
  - 本当は陰性(非スパム)を、正しく陰性と判定
- FP(False-Positive) 偽陽性
  - 本当は陰性であるメールを、誤って陽性と判定
- FN(False-Negative) 偽陰性
  - 本当は陽性であるメールを、誤って陰性と判定

　それぞれの個数は次のように求められます。

```
tp, fn, fp, tn = cm.ravel()
print((tp, fn, fp, tn))
```

```
(4, 2, 1, 3)
```

さて、それぞれの評価の個数に基づいて、次の評価指標が求められます。ちなみに、scikit-learnで使われるメソッド名も併記しておきます。

評価指標	説明	scikit-learnでのメソッド名
正解率 (Accuracy)	全体として、本当は陽性である項目と、本当は陰性である項目それぞれを正しく判定できた割合。 Accuracy = (TP + TN) / (TP + TN + FP + FN)	sklearn.metrics.accuracy_score
適合率 (Precision)	陽性と判定された項目のうち、本当に陽性であった項目の割合(精度ともいう)。 Precision = TP / (TP + FP)	sklearn.metrics.precision_score
感度 (Sensitivity)	本当に陽性である項目のうち、正しく陽性と判定された項目の割合(再現率あるいは検出率:Recallあるいは真陽性率:True-Positive Rateともいう)。 Sensitivity = TP / (TP + FN)	sklearn.metrics.recall_score
F値 (F-score、 F1 Score)	精度(Precision)と感度(Sensitivity)のバランスを取った指標。 F1 = 2 * (precision * recall) / (precision + recall)	sklearn.metrics.f1_score

直感的にわかりやすいのは正解率でしょう。一方、感度は、たとえば病気を見逃さないという観点から重要であり、適合率は誤って病気を判定してしまうことを避けるために使われます。F値は適合率と感度のどちらも重要である場合や、データ全体に占める陽性あるいは陰性の割合が少ない場合などに使われます。

scikit-learnでそれぞれの指標を計算してみましょう。

```python
from sklearn.metrics import accuracy_score
from sklearn.metrics import precision_score
from sklearn.metrics import recall_score
from sklearn.metrics import f1_score

print(f'正解率: {accuracy_score(true_label, pred_label)}')
print(f'適合率: {precision_score(true_label, pred_label)}')
print(f'感度: {recall_score(true_label, pred_label)}')
print(f'F 値: {f1_score(true_label, pred_label)}')
```

```
正解率: 0.7
適合率: 0.6
感度: 0.75
F 値: 0.6666666666666665
```

なお、正解率、適応率、F値を一度に求められる `precision_recall_fscore_support` というメソッドもあります。

```python
from sklearn.metrics import accuracy_score, precision_recall_fscore_support
## 4 つの指標を計算する関数を定義
def cal_4metrics(pred):
    labels = pred.label_ids
    preds = pred.predictions.argmax(-1)
    precision, recall, f1, _ = precision_recall_fscore_support(labels, preds,
average='weighted', zero_division=0)
    acc = accuracy_score(labels, preds)
    return {
        'accuracy': acc,
        'f1': f1,
        'precision': precision,
        'recall': recall
    }
```

データまた評価指標の用意ができたので、**Trainer** クラスを使って学習を行います。**Trainer** クラスまた **TrainingArguments** クラスの詳細は省略しますが、気になる方はマニュアル[5]を参照してください。

ここでは、パソコンにあまり負荷をかけず、早期に学習が終了することを優先した設定としています。

```python
from transformers import Trainer, TrainingArguments

training_args = TrainingArguments(
    output_dir='./results',
    num_train_epochs=1,
    per_device_train_batch_size=16,
    per_device_eval_batch_size=64,
    warmup_steps=500,
    weight_decay=0.01,
    save_total_limit=1,
    dataloader_pin_memory=False,
    evaluation_strategy="steps",
    logging_steps=50,
    logging_dir='./logs'
)

trainer = Trainer(
    model=model,
    args=training_args,
```

▼

12

huggingface-transformers（BERT）

[5] : https://huggingface.co/docs/transformers/main_classes/trainer#transformers.TrainingArguments

```
        train_dataset=train_dataset,                          ▼
        eval_dataset=test_dataset,
        compute_metrics=cal_4metrics
)

trainer.train()
```

```
using `logging_steps` to initialize `eval_steps` to 50
PyTorch: setting up devices
The default value for the training argument `--report_to` will change in
v5 (from all installed integrations to none). In v5, you will need to
use `--report_to all` to get the same behavior as now. You should start
updating your code and make this info disappear :-).
***** Running training *****
  Num examples = 1000
  Num Epochs = 1
  Instantaneous batch size per device = 16
  Total train batch size (w. parallel, distributed & accumulation) = 16
  Gradient Accumulation steps = 1
  Total optimization steps = 63
<ipython-input-111-08016269cb46>:7: UserWarning: To copy construct from
a tensor, it is recommended to use sourceTensor.clone().detach() or
sourceTensor.clone().detach().requires_grad_(True), rather than torch.
tensor(sourceTensor).
  item = {key: torch.tensor(val[idx]) for key, val in self.encodings.
items()}

***** Running Evaluation *****
  Num examples = 740
  Batch size = 64


Training completed. Do not forget to share your model on huggingface.co/
models =)

TrainOutput(global_step=63, training_loss=0.5820352766248915,
metrics={'train_runtime': 21.4777, 'train_samples_per_second': 46.56,
'train_steps_per_second': 2.933, 'total_flos': 65777763840000.0, 'train_
loss': 0.5820352766248915, 'epoch': 1.0})
```

取り除けておいたテストデータを評価します。

```
print(trainer.evaluate(eval_dataset=test_dataset))
```

12

huggingface-transformers(BERT)

```
***** Running Evaluation *****
  Num examples = 740
  Batch size = 64
<ipython-input-111-08016269cb46>:7: UserWarning: To copy construct from
a tensor, it is recommended to use sourceTensor.clone().detach() or
sourceTensor.clone().detach().requires_grad_(True), rather than torch.
tensor(sourceTensor).
  item = {key: torch.tensor(val[idx]) for key, val in self.encodings.
items()}

{'eval_loss': 0.33966121077537537, 'eval_accuracy': 0.9283783783783783,
'eval_f1': 0.9283772012323065, 'eval_precision': 0.9284065424315696, 'eval_
recall': 0.9283783783783783, 'eval_runtime': 3.7505, 'eval_samples_per_
second': 197.306, 'eval_steps_per_second': 3.2, 'epoch': 1.0}
```

上記のテストデータの評価結果を見ると、accuracyが0.92、F1 scoreが0.92となりました。
ファインチューニングしたモデルは次のように保存することができます。

```
model_directory = './LiveDoor_model'
tokenizer.save_pretrained(model_directory)
model.save_pretrained(model_directory)
```

```
tokenizer config file saved in ./LiveDoor_model/tokenizer_config.json
Special tokens file saved in ./LiveDoor_model/special_tokens_map.json
Configuration saved in ./LiveDoor_model/config.json
Model weights saved in ./LiveDoor_model/pytorch_model.bin
```

保存したモデルを読み込む場合には次のようにします。

```
from transformers import AutoModelForSequenceClassification
model_directory = './LiveDoor_model'
model2 = AutoModelForSequenceClassification.from_pretrained(model_directory)
```

```
loading configuration file ./LiveDoor_model/config.json
Model config BertConfig {
  "_name_or_path": "cl-tohoku/bert-base-japanese-whole-word-masking",
  "architectures": [
    "BertForSequenceClassification"
  ],
  "attention_probs_dropout_prob": 0.1,
  "classifier_dropout": null,
  "hidden_act": "gelu",
  "hidden_dropout_prob": 0.1,
```

12

huggingface-transformers（BERT）

```
    "hidden_size": 768,
    "initializer_range": 0.02,
    "intermediate_size": 3072,
    "layer_norm_eps": 1e-12,
    "max_position_embeddings": 512,
    "model_type": "bert",
    "num_attention_heads": 12,
    "num_hidden_layers": 12,
    "pad_token_id": 0,
    "position_embedding_type": "absolute",
    "problem_type": "single_label_classification",
    "tokenizer_class": "BertJapaneseTokenizer",
    "torch_dtype": "float32",
    "transformers_version": "4.12.5",
    "type_vocab_size": 2,
    "use_cache": true,
    "vocab_size": 32000
}

loading weights file ./LiveDoor_model/pytorch_model.bin
All model checkpoint weights were used when initializing
BertForSequenceClassification.

All the weights of BertForSequenceClassification were initialized from the
model checkpoint at ./LiveDoor_model.
    If your task is similar to the task the model of the checkpoint
was trained on, you can already use BertForSequenceClassification for
predictions without further training.
```

■まとめ

　以上、huggingface-transformersによる自然言語処理の実行例を示しました。

　最初にも述べたように、ディープラーニングに基づくライブラリは更新が早く、現在のバージョンでは動作したコードであっても、しばらく後には期待通りの出力が得られないということが多々あります。そのため、利用するたびに最新バージョンにおける関数の定義などを確認する必要があります。

　その一方で、ディープラーニングに基づく最新の自然言語処理技術を反映したhuggingface-transformersはしばらくの間、デファクトスタンダードの地位を維持すると予想されます。関数などの仕様の変更は続くと思われますが、その考え方や処理の流れが大きく変化することは当面ないかもしれません。

青空文庫とGoogle Colaboratoryの利用

付録では、青空文庫からファイルをダウンロードする方法とGoogle Colaboratoryでファイルをアップロードして読み込む方法、Google Colaboratoryでhuggingface-transformersを利用する方法を紹介します。

青空文庫からファイルをダウンロードする方法

　青空文庫[1]は、明治・大正・昭和初期の作家による小説などを、ボランティアが手作業で入力し、自由に閲覧またダウンロードすることができるサイトです。

　青空文庫では、作品を図書カードという番号に紐づけていますが、そのページ下にファイルをダウンロードするためのリンクがあります。

　ファイルは ****_ruby__**.zip** という圧縮ファイルとしてダウンロードできます。解凍して確認するとわかりますが、ファイルの冒頭と末尾には、作家・作品の説明、あるいは入力者のコメントが記載されています。また、本文中の固有名詞などには ＜＜よみがな＞＞ という形でルビが文中に挿入されています。これらはメタ情報といいます。

　さらに、ファイルは日本語版Windowsで標準の文字コードであるShift-JIS形式で保存されています。

　したがって、Pythonでプログラム的に青空文庫の作品を扱うには、対象とする作品を見つけ出した後、ダウンロードして解凍、ルビなどのメタ情報の削除と文字コードの変換が必要になります。

　本書付録サイトの **AozoraDL.py** を使うと、作品図書カードに記載されたリンクのURLを指定することで、解凍などの前処理を一括で行うことができます。

　たとえば森鴎外の『鶏』は図書カード:No.42375ですが、ルビ付きファイルのダウンロードURLは次の通りです。

> URL https://www.aozora.gr.jp/cards/000129/files/42375_ruby_18247.zip

　AozoraDL.py がJupyterの実行フォルダに位置しているとすれば、このURLを次のように指定して実行します。

```
from AozoraDL import aozora
## URL を文字列として指定
aozora('https://www.aozora.gr.jp/cards/000129/files/42375_ruby_18247.zip')
```

```
Download URL
URL: https://www.aozora.gr.jp/cards/000129/files/42375_ruby_18247.zip
42375_ruby_18247/niwatori.txt
ファイルの作成 :niwatori.txt
```

A

青空文庫とGoogle Colaboratoryの利用

 [1] : https://www.aozora.gr.jp/

Google Colaboratoryで
ファイルをアップロードして読み込む方法

Google Colaboratory（以降、Colabと表記）でファイルをアップロードして読み込む方法を紹介します。上記の **AozoraDL.py** をColabで使ってみます。

ドライブをマウントし、MyDriveから「アップロード」を選択します。本書付録サイトの **AozoraDL.py** をアップロードします。

マウントするには、左に表示されているフォルダアイコンをクリックし、その右上にある Google Driveアイコンをクリックします。Googleへのログインを求められ、パスワードやパスコードの入力を求められます。これらの手順がクリアされれば、左に「drive」というアイコンが表示されます。以降、Colab上では **/content/drive/MyDrive** というパスが保存先となります。

あるいは次のコードを実行することでも、ドライブはマウントできます。

```
from google.colab import drive
drive.mount('/content/drive')
%cd /content/drive/MyDrive
```

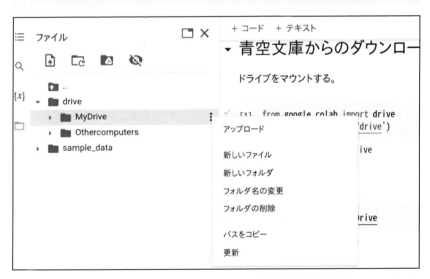

ここで次のコードを実行すると、MyDrive直下に **niwatori.txt** というファイルが生成されます。

```
from AozoraDL import aozora
## URL を文字列として指定
aozora('https://www.aozora.gr.jp/cards/000129/files/42375_ruby_18247.zip')
```

Google Coloboratoryでの
huggingface-transformersの利用について

　ここでは、ColabのGPUを使ってhuggingface-transformersの機能を試す方法を紹介いたします。

　最初に「ファイル」から「新規ノートブック」を開きます。左上のタイトルを適当に変更します。次にメニューの「ランタイム」から「ランタイムのタイプを変更」をGPUに変更します。その際、「このノートブックを保持する際にコードセルの出力を除外する」をONにしておきましょう。ただし、時間帯によってはGoogle側にGPUの空きがなく、利用を拒否される場合があります。この場合は、ユーザー側ではどうしようもありません。Google側でGPUに空きが出るのを待つよりほかありません。

バックエンドを割り当てられませんでした

GPU を使用するバックエンドは利用できません。アクセラレータなしでランタイムを使用しますか？
詳細

キャンセル　　接続

　さらにMeCabのインストールも必要です。次のコマンドを実行することで、Colab上でMeCabを実行できる環境が整います。ただし、12時間経過すると、この環境は破棄されますので、改めて次のコマンドを使って再構築する必要があります。

　行頭にある！は、Colabのシステム上の処理をセル内で実行する方法です。セル内でShiftキーを押しながらEnterキーを押すと入力されたコードが実行されます。

```
## Google Coloboratory における Mecabのインストール
!apt install mecab libmecab-dev mecab-ipadic-utf8
!pip install mecab-python3
!pip install fugashi ipadic
```

　Colabには、transformersでの作業に必要なライブラリの多くがすでにインストールされていますが、huggingface-transformersはユーザー側でインストールします。

　Colab のセルで次のように入力してインストールします。ここで指定しているバージョンは筆者が執筆中に利用していた環境ですが、これ以外のバージョンでの動作は確認していません。

```
!pip install transformers==4.12.0
```

A

青空文庫とGoogle Coloboratoryの利用

なお、Colabではなく自身のマシンで実行する場合はtorch（PyTorch）もインストールしてください。

筆者がColab上で作業したファイルを公開しています[2]。本書サポートサイトのURL（5ページ参照）を確認してください。

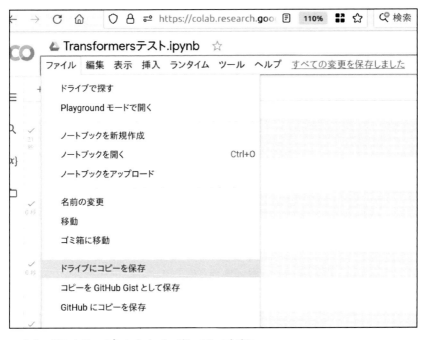

自身のドライブにコピーした上で、試してみてください。

[2]：https://colab.research.google.com/drive/1E13hvgiCmh_eZtvnnZHh59s3_FTR4I9J?usp=sharing

A

青空文庫とGoogle Colaboratoryの利用

INDEX

参考文献

David M. Blei, Andrew Y. Ng, Michael I. Jordan. Latent Dirichlet Allocation.
Journal of Machine Learning Research. 2003. vol.3. p.933-1022

Ashish Vaswani, Noam Shazeer, Niki Parmar, Jakob Uszkoreit, Llion Jones,
Aidan N. Gomez, Lukasz Kaiser, Illia Polosukhin. Attention Is All You Need.
arXiv:1706.03762v5. 2017

Dzmitry Bahdanau, Kyunghyun Cho, Yoshua Bengio. Neural
Machine Translation by Jointly Learning to Align and Translate.
arXiv:1409.0473. 2016

金 明哲, 村上 征勝, 永田 昌明, 大津 起夫, 山西 建司. 言語と心理の統計. 岩波書店. 2003

金明哲. テキストデータの統計科学入門. 岩波書店. 2009

村上 征勝. シェークスピアは誰ですか. 文春新書. 2004

北 研二, 津田 和彦, 獅子堀 正幹. 情報検索アルゴリズム. 共立出版. 2002

村上 征勝, 金 明哲, 永田 昌明, 大津 起夫, 山西 健司. 言葉と心理の統計. 岩波書店. 2003

三室 克哉, 鈴村 賢治, 神田 晴彦. 顧客の声マネジメント. オーム社. 2007

村上 征勝. 真贋の科学. 朝倉書店. 1994

村上 征勝. シェークスピアは誰ですか. 文藝春秋. 2004

那須川 哲哉. テキストマイニングを使う技術／作る技術. 東京電機大学出版局. 2006

Denis Rothman(著), 黒川 利明(翻訳). Transformerによる自然言語処理. 朝倉書店. 2022

Sebastian Raschka(著), Vahid Mirjalili(著), 株式会社クイープ(訳), 福島 真太朗(監訳). [
第3版]Python機械学習プログラミング 達人データサイエンティストによる理論と実践.
インプレス. 2020

ストックマーク株式会社(編), 近江 崇宏(著), 金田 健太郎(著), 森長 誠(著), 江間見 亜利(著).
BERTによる自然言語処理入門 —Transformersを使った実践プログラミング—. オーム社. 2021

岩田 具治. トピックモデル. 講談社. 2015(機械学習プロフェッショナルシリーズ)

那須川 哲哉(編著), 吉田 一星(著), 宅間 大介(著), 鈴木 祥子(著), 村岡 雅康(著), 小比田 涼介(著).
テキストマイニングの基礎技術と応用. 岩波書店. 2020(テキストアナリティクス, 第2巻)

和泉 潔(著), 坂地 泰紀(著), 松島 裕康(著).
金融・経済分析のためのテキストマイニング. テキストアナリティクス. 岩波書店. 2021

金 明哲(編著), 中村 靖子(編著), 上阪 彩香(著), 土山 玄(著), 孫 昊(著), 劉 雪琴(著), 李 広微(著),
入江 さやか(著). 文学と言語コーパスのマイニング. 岩波書店. 2021(テキストアナリティクス, 第7巻)

金 明哲(著). テキストアナリティクスの基礎と実践. 岩波書店. 2021

Daniel Y. Chen(著), 吉川 邦夫(訳), 福島 真太朗(監修).
Pythonデータ分析／機械学習のための基本コーディング! pandasライブラリ活用入門.
インプレス. 2019

■著者紹介

石田　基広　徳島大学 社会産業理工学研究部教授・デザイン型AI教育研究センター長
大学ではプログラミング、データ分析、テキスト分析などの科目を担当している。著書に『新米探偵データ分析に挑む』（SBクリエイティブ）、『とある弁当屋の統計技師』（共立出版）、『Rによるテキストマイニング入門』（森北出版）など。

編集担当：吉成明久 / カバーデザイン：秋田勘助（オフィス・エドモント）
イラスト：©Andrey Suslov - stock.foto

●特典がいっぱいのWeb読者アンケートのお知らせ

C&R研究所ではWeb読者アンケートを実施しています。アンケートにお答えいただいた方の中から、抽選でステキなプレゼントが当たります。詳しくは次のURLのトップページ左下のWeb読者アンケート専用バナーをクリックし、アンケートページをご覧ください。

C&R研究所のホームページ **https://www.c-r.com/**

携帯電話からのご応募は、右のQRコードをご利用ください。

Pythonで学ぶ テキストマイニング入門

2022年8月22日　初版発行

著　者	石田基広
発行者	池田武人
発行所	株式会社　シーアンドアール研究所
	新潟県新潟市北区西名目所 4083-6（〒950-3122）
	電話　025-259-4293　　FAX　025-258-2801

ISBN978-4-86354-393-5　C3055

©Motohiro Ishida, 2022　　　　　　　　　　　　　　　　Printed in Japan